浙江省普通高校"十三五"新形态教材
北大社·"十三五"高等教育规划教材
高等院校电气信息类专业"互联网＋"创新规划教材
21世纪本科院校电气信息类创新型应用人才培养规划教材

# 传感器技术及应用电路项目化教程

钱裕禄　编　著

北京大学出版社
PEKING UNIVERSITY PRESS

# 内 容 简 介

本书内容主要包括：现代检测技术及传感器基础知识；手机和 iPad 2 中的传感器应用；汽车控制中的传感器应用；典型传感器及其应用（如超声波传感器、光电传感器、红外传感器、霍尔传感器、气敏传感器、温度传感器、湿度传感器和智能化传感器等）；无线传感器网与物联网；传感器在现代检测系统中的应用。本书整体编写思路是"模块化+项目化"，模块化突出的是以"被测物理量为研究对象"，每个模块由若干个项目组成，每个项目以某一个具体传感器应用设计为依托。

本书可以作为普通高等院校电子信息工程、自动控制、电子工程、应用电子技术、电气工程、工业自动化等相关专业的教学用书。

**图书在版编目(CIP)数据**

传感器技术及应用电路项目化教程/钱裕禄编著. —北京：北京大学出版社，2013.2
(21 世纪本科院校电气信息类创新型应用人才培养规划教材)
ISBN 978-7-301-22110-5

Ⅰ. ①传…　Ⅱ. ①钱…　Ⅲ. ①传感器—高等学校—教材　Ⅳ. ①TP212

中国版本图书馆 CIP 数据核字(2013)第 024988 号

| | |
|---|---|
| 书　　　　名： | 传感器技术及应用电路项目化教程 |
| 著作责任者： | 钱裕禄　编著 |
| 策 划 编 辑： | 郑　双　程志强 |
| 责 任 编 辑： | 郑　双 |
| 标 准 书 号： | ISBN 978-7-301-22110-5/TP・1273 |
| 出 版 发 行： | 北京大学出版社 |
| 地　　　　址： | 北京市海淀区成府路 205 号　100871 |
| 网　　　　址： | http://www.pup.cn　新浪官方微博：@北京大学出版社 |
| 电 子 信 箱： | pup_6@163.com |
| 电　　　　话： | 邮购部 010 - 62752015　发行部 010 - 62750672　编辑部 010 - 62750667 |
| 印 刷 者： | 河北滦县鑫华书刊印刷厂 |
| 经 销 者： | 新华书店 |

787 毫米×1092 毫米　16 开本　15.5 印张　348 千字
2013 年 2 月第 1 版　2023 年 6 月第 8 次印刷

定　　　　价：39.00 元

# 前　言

党的二十大报告指出，要"构建新一代信息技术"，传感技术是现代信息技术三大支柱之一，与通信技术、计算机技术一起构成信息技术系统的"感官"、"神经"和"大脑"。当前，随着利用新材料、新原理和新工艺等制成的各种新型传感器的不断开发，MEMS 技术的发展和智能传感器的使用，传感器技术在工控自动化、家用电器、医疗电子、汽车测控、机器人、环境保护、航空航天和军事应用等传统领域的应用得到了迅猛发展。随着无线传感器网的广泛应用和物联网的迅速发展，传感器技术的应用空间得到了拓展和深入，而智能手机中各种传感器应用带来的"功能革命"，更是让我们感受到身边充满了传感器技术的各类应用。

在课程创新教学改革和实践中，让学生"学什么"、"怎么学"和"如何更好地学"是必须要认真思考的问题，而如何有效结合学生本身特点、社会对人才的需求和专业培养目标等来开展课程教育改革创新是成功的关键。能力表现是多方面的，如人际交往能力、协作能力、学习能力、实验实践动手能力、工科报告撰写能力、考试能力等。同时创新也是多方面的，包括教学内容革新、教学模式及落实措施的改进、教育理念创新等。学生是学习的主体，如何有效地调动他们的主观能动性和学习兴趣是关键，而教师在学习中的位置更多是"引"和"导"，学习不应该是给学生多少"水"的问题，而应该是让他们"学会学习"，去更好地找"水源"，发现问题、研究问题并最终解决问题。如何有效地构建"教师导学和学生主动学习的新型教与学关系"和形成师生间课程学习的"良性互动"，除了制度、规则等的保障外，好的"剧本"——教材更是关键，本书正是基于这样的理念和出发点而编写的。

总体上来说，本书淡化传感器数学模型及公式推算、内部构造及制造工艺、复杂的系统模型设计和过多的体系强调等内容，突出的是对传感器的"认识"、"在哪里用"、"如何用"、"应用中需要注意什么问题"和"应用前端、中间处理端及后端关系"等。

书中知识点的落实载体是日常生活中的应用实例，整体编写思路是"模块化＋项目化"，模块化突出的是以"被测物理量为研究对象"，每个模块由若干个项目组成，每个项目以某一个具体传感器应用设计为依托。让学生对现代典型传感器和检测技术有一定的了解，熟悉各类典型传感器的选型、基本工作原理、基本应用电路和应用注意事项等，同时能从"工程"角度独立构建一个基本检测控制系统等；为了使知识点更深入，加强学生检测系统应用的批判质疑能力培养，这一模块主要依据"项目化"内容的团队协作研讨、应用电路制作及调试等来落实。

对于每个教学项目，从传感器的参数入手，设计出具体的应用电路，分析了电路的工作原理，并对电路的制作与调试作了阐述；突出"实训过程"，通过各项目学习，可以提高学生的动手能力及分析、解决问题的能力，从而培养学生的职业能力，实现"教、学、做"一体化。

本书内容中第一部分即为第 1 章"现代检测技术及传感器基础知识"，它由测量及误差的基本知识、现代测试系统概述和传感器基础知识和基本接口电路三个知识模块组成；第二部分包括"手机和 iPad2 中的传感器应用"和"汽车控制中的传感器应用"两章，这两章的设置主要是结合生活中的典型应用来进行有效引导，让学生进入角色；"典型传感器及其应用"是第三部分，内容包括超声波传感器、光电传感器、红外传感器、霍尔传感器、气敏传感器、温度传感器、湿度传感器和智能化传感器等，也就是第4~11章，它是本书内容的主体所在，在知识点安排上首先是介绍传感器基础背景知识和工作原理等，然后通过"项目化"实施来拓展和深化知识点，最后是必要的应用拓展；第四部分内容为"无线传感器网与物联网"，即第12章，这部分内容围绕着无线传感器网和物联网的相关知识点展开，是作为传感器技术应用的纵深和拓展；"传感器在现代检测系统中的应用"作为最后一部分，即第13章，本章以传感器在智能建筑中的应用为例，从系统应用角度展开知识点的阐述。

在具体教学实施上，理论讲解主要是教师的"引"和"导"，课内学时分配为12学时，其中第一、二、四、五部分为4学时，第三部分为8学时，而课外则以MOODLE作业的形式提前让学生围绕问题进行探究。

围绕"典型传感器及应用"开展的研究性学习和合作研讨，课内分配学时为12学时。具体研讨主要围绕下列话题展开，具体研究性学习和合作研讨方案详见MOODLE平台。

(1) 红外传感器、声音传感器的应用电路设计；
(2) 声、光、电一体化控制实现；
(3) 超声波传感器、光敏传感器的应用电路设计；
(4) 倒车雷达工作机理；
(5) 光敏传感器有关DIY制作；
(6) 蔬菜大棚温、湿度控制系统；
(7) 霍尔传感器的生活应用；
(8) 温、湿和磁敏传感器的应用；
(9) 气体监控报警系统的设计；
(10) 传感在智能楼宇中的应用；
(11) 传感在现代汽车中的应用；
(12) 传感器与单片机接口问题；
(13) 检测系统与传感器应用；
(14) 传感器在机器人中的应用；
(15) 传感器在数控机床中的应用；
(16) 手机和iPad2中的传感器应用。

而实验实践环节分为课内实验和课外开放创新实践两部分，其中课内实验为24学时：具体以"模块化＋项目化"的形式展开教学活动，主要围绕着光电、气敏、温度、湿度、霍尔等典型传感器的应用设计、制作、调试等进行实施（16学时），加上1-2个自选综合应用设计项目（8学时）。为了便于课内实验教与学的有效展开，编者对几个实验内容的基本参考应用电路、相关要求和微课视频讲解等内容可经扫一下左边的二维码来查看相关信息。

【实验概况】

目前有的课外开放创新实践项目如下所示，这些项目也就是本书中的各"应用项目"。

(1) 超声波测距模块的设计；
(2) 声光控延时开关电路的设计；
(3) 光敏二极管在路灯控制器中的应用；

(4) 热释电传感器在照明控制中的应用；

(5) 红外感应烘手器的组装与调试；

(6) 霍尔开关传感器在转速仪中的应用；

(7) 酒精检测模块的设计；

(8) 可燃气体泄漏报警和控制电路设计；

(9) 测温电路应用制作和实现；

(10) 湿敏电阻在简易湿度计中的应用。

实际操作中，每位同学选上述项目的其中 1 至 2 个项目独立完成电路设计与制作，并完成报告的撰写，最后是展示结果并接受同学提问等。

课程教学的部分理论讲解视频微课以二维码的形式嵌入在书中各个章节对应位置中，扫一扫书中对应的二维码就可以观看了。大家扫一下右边的二维码就可了解这些视频微课的分布情况。

【微课掠影】

结合近年来本课程的教改创新与实践，在"学、导、做、用"于一体的有效互动大课堂构建与实践上，编者和课程团队在学校、市、省各级项目经费的支持下做了较多的尝试，取得的成果有也力地支撑了 2014 年国家教学成果二等奖、浙江省教学成果一等奖和宁波市高校教学成果二等奖的获得(更多获奖情况见右侧二维码)；课程教学设计与实施方案、MOODLE 信息化平台有效融合与教学实施、课程有效地"引学生动起来"等获得了省、市、校等多项殊荣，诸多资源愿与大家分享。本教材所有课件、课程教学参考实施方案、其他数字资源和相关资料等可以从出版社网站下载，也可以通过扫描下边的二维码获得。

【教学服务】【获奖情况】

终于在原有教材的基础上迈出了"扫一扫，看视频微课"的第一步，视频中小瑕疵等不足在所难免，为了后面的版次中能做得更好，希望各位老师、同学们和广大读者多提宝贵意见和建议。感谢前期在使用本教材的 29 所高校（目前为止在互动联系的）相关老师和同学们的使用信息反馈和相关指正，也感谢近三年多来在省内外兄弟院校 40 来次示范中给我启发和灵感的专家、老师们，本次教材修订中已部分体现了这些，后续的工作中会做得更到位些的；其次感谢杭州力控科技有限公司康海总经理在传感课内实验和课外开放创新实践设置、视频制作等方面给出的宝贵意见；最后感谢我们的传感课程建设与教学团队，学院 HG 工作室的同学们。

本书所对应的课程在浙江省在线精品课程，以及宁波市高校慕课联盟均以开设，使用方法详见对应的二维码。

【省平台PC端】　　【省平台APP】　　【市平台PC端】　　【市平台APP】

编　者

# 目　　录

# 第**1**章
# 现代检测技术及传感器基础知识

 **教 学 目 标**

　　本部分内容主要以"测量及误差的基本知识"、"现代测试系统概述"和"传感器基础知识和基本接口电路"三大知识模块的形式来落实的。主要学习内容有检测技术中的测量方法、误差及其处理方法；现代测试系统的类型与结构、典型应用及其发展趋势和现代检测技术的特点等；现代传感技术的相关知识，包括传感器技术应用，传感器的定义、组成、分类、特性参数和选用原则等，同时说明现代传感器技术的发展和应用趋势。

　　通过本章的学习，读者会对测量的各种方法有大体的了解，同时能根据现有的现象来判别具体属于哪种误差；熟悉现代测试系统的基本结构和分类，同时了解现代检测技术的发展趋势和现实应用情况；理解传感器的定义和基本工作原理，并在此基础上理解传感器的各项静态技术指标，熟悉实际使用中传感器的选用原则，了解传感器信号的特点和对应的接口电路的设置。

**教 学 要 求**

| 知识要点 | 能力要求 | 相关知识 |
|---|---|---|
| 测量及误差的基本知识 | (1) 了解不同的测量方法<br>(2) 熟悉误差的分类 | (1) 测量<br>(2) 误差 |
| 现代测试系统概述 | (1) 熟悉现代测试系统的结构与类型<br>(2) 了解现代检测技术发展趋势和应用 | (1) 现代测试系统<br>(2) 检测技术 |
| 传感器基础知识 | (1) 理解传感器的特性和技术指标<br>(2) 熟悉传感器的选择考虑依据<br>(3) 了解传感器基本接口电路 | (1) 传感器基础知识<br>(2) 基本接口电路 |

【精讲微课】

　　测试的基本任务是获取有用的信息，即借助专门的设备、仪器来设计合理的实验方法与必需的信号分析及数据处理方法，获得与被测对象有关的信息，最后将结果进行显示或输入到其他信息处理装置、控制系统。

　　完整的测试过程包括的要素有被测对象、测试方法、数值和计量单位、测量误差等。在这过程中，如何准确地获取第一手被测对象的信息资料是十分关键的，而担当这个角色的主要是传感器，这当中传感技术使用得当与否直接影响到测试的实际结果。应该说，传感器是连接外界测试对象和测试系统内部处理的第一道关。

# 1.1　测量及误差的基本知识

　　本知识模块主要学习测量方法、误差分类、测量结果的数据统计处理，以及传感器的基本特性等，它们是检测与转换技术的理论基础。同时在完整的测试过程中，这两方面是必不可少的，下面结合大家以前学过的相关知识来概要地回顾和说明一下，为后阶段更好地理解和掌握测试系统打下基础。

## 1.1.1　测量方法

### 1. 直接测量和间接测量

　　直接测量是指用已标定的仪器，直接地测量出某一待测未知量的量值，如电子卡尺的应用；而间接测量是指对与未知待测量 $y$ 有确切函数关系的其他变量 $x$(或 $n$ 个变量)进行测量，然后再通过函数，计算出待测量 $y$，也就是说对多个被测量进行测量，经过计算求得被测量，如阿基米德对皇冠的密度测量等。

### 2. 接触式测量和非接触式测量

　　接触式测量顾名思义其测量方式是接触的，如常见的少儿体温测量等；而非接触式测量避免了对被测对象的影响采用非接触的方式，如红外测温、倒车雷达和车载电子警察等。

### 3. 静态测量和动态测量

　　静态测量是对不随时间变化的(静止)或变化缓慢的被测量进行测量，如最高、最低温度测量等；而动态测量是对随时间变化的被测量进行测量，需确定被测量的瞬时值及其随时间变化的规律，如地震测量、实时心电监护等。

### 4. 离线测量和在线测量

　　离线测量，也就是说离开生产现场去进行的产品测量，如产品质量检验等测量过程；而在线测量，如生产流水线上的有关测量，在流水线上边加工、边检验，可提高产品的一致性和加工精度。

### 1.1.2　测量误差

**1．测量误差相关的基本概念**

真值：指被测量在一定条件下客观存在的、实际具备的量值。真值是不可确切获知的，实际测量中常用"约定真值"和"相对真值"。约定真值是用约定的办法确定的真值，如砝码的质量。相对真值是指具有更高精度等级的计量器的测量值。

标称值：指计量或测量器具上标注的量值，如标准砝码上标注的质量数等。

示值：指由测量仪器(设备)给出的量值，也称测量值或测量结果。

测量误差：指测量结果与被测量真值之间的差值。

误差公理：指一切测量都具有误差，误差自始至终存在于所有科学实验的过程之中。研究误差的目的是找出适当的方法减小误差，使测量结果更接近真值。

准确度：测量结果中系统误差与随机误差的综合，表示测量结果与真值的一致程度，由于真值未知，准确度是个定性的概念。

测量不确定度：表示测量结果不能肯定的程度，或者说是表征测量结果分散性的一个参数。它只涉及测量值，是可以量化的，经常由被测量算术平均值的标准差、相关量的标定不确定度等联合表示。

重复性：指相同条件下，对同一被测量进行多次测量所得到的结果之间的一致性。相同条件主要包括相同的测量程序、测量方法、观测人员、测量设备和测量地点等。

**2．误差的表示方法**

绝对误差 $\Delta A$ 是示值 $A_x$ 与真值 $A_0$ 之差，即 $\Delta A = A_x - A_0$，其中 $\Delta A$ 也称为修正值或补值。由于真值 $A_0$ 一般无法求得，因而绝对误差只有理论意义。

相对误差是指绝对误差与真值之比，即

$$\gamma_0 = \frac{\Delta A}{A_0} \times 100\% \tag{1-1}$$

在误差较小时，可以用测量值代替真值，称为示值相对误差 $\gamma_x$。

$$\gamma_x = \frac{\Delta A}{A_x} \times 100\% \tag{1-2}$$

引用误差是绝对误差与测量仪表量程之比，按最大引用误差将电测量仪表的准确度等级分为 7 级，指数 $a$ 分别为 0.1、0.2、0.5、1.0、1.5、2.5、5.0。

$$\gamma_n = \frac{\Delta A}{A_m} \times 100\% \ , \quad \gamma_{nm} = \frac{|\Delta A|_m}{A_m} \times 100\% \leqslant \alpha\% \tag{1-3}$$

所以电测量仪表在使用中的最大可能误差为：$\Delta A_m = \pm A_m \times \alpha\%$。

**思考一下：**

1．某采购员分别在三家商店购买 100kg 大米、10kg 苹果、1kg 巧克力，发现均缺少约 0.5kg，但该采购员对卖巧克力的商店意见最大，是何原因？

2．某 1.0 级电压表，量程为 300V，求测量值 $U_x$ 分别为 100V 和 200V 时的最大绝对误差 $\Delta U_m$ 和示值相对误差 $\gamma_{Ux}$。

### 3. 测量误差的分类

#### 1) 按产生原因分类

测量误差按产生原因可以分为方法误差、环境误差、装置误差、数据处理误差和随机误差等。

**方法误差：** 指由于检测系统采用的测量原理与方法本身所产生的测量误差，是制约测量准确性的主要原因。

**环境误差：** 指由于环境因素对测量影响而产生的误差。例如，环境温度、湿度、灰尘、电磁干扰、机械振动等存在于测量系统之外的干扰会引起被测样品的性能变化，使检测系统产生的误差。

**装置误差：** 指检测系统本身固有的各种因素影响而产生的误差。传感器、元器件与材料性能、制造与装配技术水平等都直接影响检测系统准确性和稳定性产生的误差。

**数据处理误差：** 检测系统对测量信号进行运算处理时产生的误差，包括数字化误差、计算误差等。

**随机误差：** 相同条件下测量产生的偶然误差(重复测量)。

#### 2) 按误差性质分类

测量误差按误差性质可以分为系统误差、随机误差、粗大误差和动态误差等。

**系统误差：** 指在重复条件下，对同一物理量无限多次测量结果的平均值减去该被测量的真值。系统误差大小、方向恒定一致或按一定规律变化。

系统误差也称装置误差，它反映了测量值偏离真值的程度，例如，夏天摆钟变慢的原因是什么？凡误差的数值固定或按一定规律变化者，均属于系统误差。系统误差是有规律性的，因此可以通过实验的方法或引入修正值的方法计算修正，也可以重新调整测量仪表的有关部件予以消除。

**随机误差：** 在同一条件下，多次测量同一被测量时，有时会发现测量值时大时小，误差的绝对值及正、负不可预见的方式变化，该误差称为随机误差，也称偶然误差，它反映了测量值离散性的大小。

随机误差是测量过程中许多独立的、微小的、偶然的因素引起的综合结果。产生原因主要是温度波动、振动、电磁场扰动等不可预料和控制的微小变量。测量示值减去在重复条件下同一被测量无限多次测量的平均值，随机误差具有抵偿特性，存在随机误差的测量结果中，虽然单个测量值误差的出现是随机的，既不能用实验的方法消除，也不能修正，但是就误差的整体而言，多数随机误差都服从正态分布规律。

**粗大误差：** 主要是由于测量人员的粗心大意及电子测量仪器受到突然而强大的干扰所引起的明显超出规定条件下预期的误差，它是统计异常值，也叫过失误差。

粗大误差产生的原因主要是读数错误、仪器有缺陷或测量条件突变、外界过电压尖峰干扰等造成的，如打雷导致的示波器测试数据异常。就数值大小而言，粗大误差明显超过正常条件下的误差，当发现粗大误差时，应予以剔除。

**动态误差：** 指当被测量随时间迅速变化时，系统的输出量在时间上不能与被测量的变化精确吻合，这种误差称为动态误差，如由心电图仪放大器带宽不够引起的误差等。

4. 测量误差的常见处理

系统误差的消除通常是根据不同测量目的，对测量仪器和仪表、测量条件、测量方法及步骤等进行全面分析，发现系统误差，采用相应的措施来消除或减弱它：分析系统误差产生的根源，从产生的来源上消除，如仪器、环境、方法、人员素质等；分析系统误差的具体数值和变换规律，利用修正的方法来消除，如通过资料、理论推导或者实验获取系统误差的修正值，最终测量值＝测量读数＋修正值；针对具体测量任务可以采取一些特殊方法，从测量方法上减小或消除系统误差，如差动法、替代法。特别强调：多次测量求平均值不能减小系统误差。

随机误差常采用平均值处理方法，即被测样品的真实值是当测量次数 n 为无穷大时的统计期望值。以算术平均值作为检测结果比单次测量更为准确，而且在一定测量次数内，测量精度将随着采样次数的增加而提高。直接采样信号的平均值就是系统对检测信号的最佳估计值，可用平均值代表其相对真值；如果被测量与直接采样信号函数关系明确，将各直接量的最佳估计值代入该函数，所求出值即为被测量的最佳估计值。

粗大误差的剔除方法：物理判别法，即测量过程中，由于人为因素(读错、记录错、操作错)或不符合实验条件、环境突变(突然振动、电磁干扰等)引起的，采用随时发现、随时剔除、重新测量的方法；统计判别法是指测量完毕，按照统计方法处理数据，在一定的置信概率下确定置信区间，超过误差限的判为异常值，予以剔除。

### 1.1.3　精密度、准确度和精确度

测量中所测得数值重现性的程度，称为精密度，它反映随机误差的影响程度，精密度高就表示随机误差小。

测量值与真值的偏移程度，称为准确度，它反映系统误差的影响精度，准确度高就表示系统误差小。

精确度(精度)反映测量中所有系统误差和随机误差综合的影响程度。在一组测量中，精密度高的准确度不一定高，准确度高的精密度也不一定高，但精确度高，则精密度和准确度都高。

精密度与准确度的关系可以用如图 1.1 所示的打靶例子来说明，图 1.1(a)中表示精密度和准确度都很好，则精确度高；图 1.1(b)表示精密度很好，但准确度却不高；图 1.1(c)表示精密度与准确度都不好。

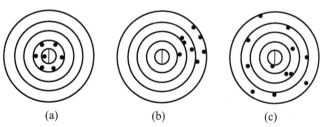

(a)　　　　　　(b)　　　　　　(c)

图 1.1　精密度和准确度的关系

# 1.2 现代测试系统概述

本知识模块主要讲述现代测试系统的基本结构、典型类型、具体应用和现代测试技术的发展趋势等，主要从宏观上把握现代测试系统的相关知识点。

## 1.2.1 现代测试系统基本结构与类型

现代检测系统可分为智能仪器、个人仪器和自动测试系统三种基本结构体系。现代测试系统的基本结构与类型示意图如图 1.2 所示。

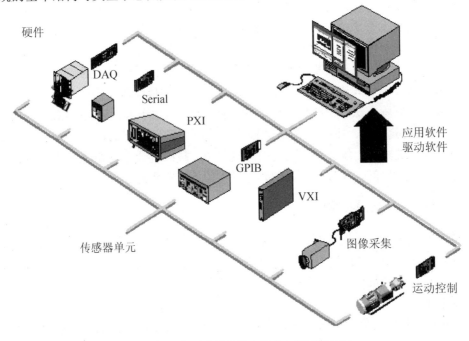

图 1.2 现代测试系统基本结构与类型示意图

将诸如微处理器、存储器、接口等芯片与传感器融合在一起，可组成智能仪器。它有专用的小键盘、开关、按键及显示屏等，多使用汇编语言，体积小，专用性强。当前市场上这一类电子产品还是比较多的。

个人仪器又称个人计算机仪器系统，它是以个人计算机(必须符合工控要求)配以适当的硬件电路与传感器组合而成的检测系统。组装个人仪器时，将传感器信号传送到相应的接口板(或接口盒)中，再将接口板插到工控机总线扩展槽中或将接口盒的 USB 插头插入计算机相应的插座上，编写相应的软件就可以完成自动检测功能。

自动测试系统，传统意义上来说是指以工控机为核心，以标准接口总线为基础，以可程控的多台智能仪器为下位机组合而成的一种现代检测系统。当然一个自动测试系统还可以通过各种标准总线成为其他级别更高的自动测试系统的子系统。许多自动测试系统还可以作为服务器工作站加入到 Internet 网络中，成为网络化测试子系统，从而实现远程监测、远程控制、远程实时调试等。

现代测试系统通常可以分为基本型、标准通用接口型和闭环控制型三种，下面对这三种类型作简要的说明。

### 1. 基本型

基本型测试系统结构示意图如图 1.3 所示，此处参量指的是各个待测的信号，如温度、压力、光强等。

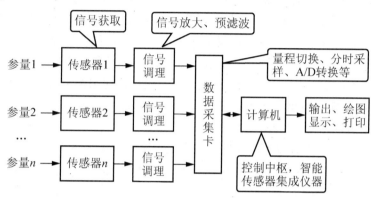

**图 1.3　基本型现代测试系统结构示意图**

基本型现代测试系统主要是通过数据采集卡采集经过信号调理的各路传感器检测信号，然后在数据采集卡中经过量程切换、分时采样和 A/D(模/数)转换等相关处理，最后通过智能传感器集成仪器等来进行计算和处理的。

基本型对应的典型应用如 PC-DAQ 系统，其基本组成结构示意图如图 1.4 所示。基于 PC-DAQ 组成的虚拟仪器测控系统，通用的构建方法是在计算机上插入数据采集(DAQ)卡，并由驱动软件驱动硬件，通过应用程序构建虚拟面板和发送通信命令，这种类型在当前应用还具有一定的市场，尤其是 DAQ 技术、LabVIEW 编程实现和虚拟仪器技术的发展和综合应用开发，未来的市场前景也会不错的。

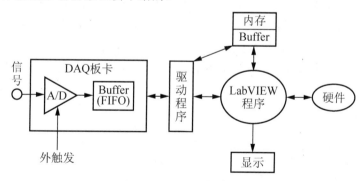

**图 1.4　PC-DAQ 系统基本组成结构示意图**

### 2. 标准通用接口型

标准化总线是利用总线技术，进而大大简化系统结构，增加系统的兼容性、开放性、可靠性和可维护性，便于实行标准化以及组织规模化的生产，从而显著降低系统成本。

所谓总线是指计算机、测量仪器、自动测试系统内部以及相互之间信息传递的公共通路，是计算机和内部测试系统的重要组成部分，是计算机、自动测试系统乃至网络系统的基础。

总线的类别很多，分类方式多样，仅按应用的场合可分为芯片总线、板内总线、机箱总线、设备互连总线、现场总线及网络总线等多种类型。这里简要介绍基于 PC 的测试系统的总线技术：测量仪器机箱总线、测量仪器机箱(机柜)与计算机之间的互连总线。

测量仪器机箱总线是指系统各种机箱的底板总线。在总线底板插槽上插入模拟量输入/输出、数字量输入/输出、频率和脉冲量输入/输出等功能插件，可组成具有不同规模和功能的自动测试系统。这种总线可以分为两类：经有关标准化组织发布的标准总线和各公司设计的专用总线，如 STD 和 CAMAC 总线、ISA 总线、VXI 总线等；各公司设计的专用总线如 PCI、Compact PCI 及 PXI 总线等。

与计算机相对独立的测控机箱或机柜需要用相应的总线(或标准接口)与计算机连接，以组成计算机控制的自动测试系统或网络。实际应用时可采用串行总线或者并行总线两种方式进行连接。

串行总线是指按位传送数据的通路，其连接线少、接口简单、成本低、传送距离远，被广泛用于 PC 与外围设备的连接和计算机网络。常用串行总线有 RS-232C、RS-422A、RS-485、USB 及 IEEE-1394 等。

RS-232C(Recommended Standard)串行接口是计算机与外围设备之间以及计算机与测试系统之间最简单、最普遍的连接方法。采用 23 线连接器，最高的单向数据传输率为 20kb/s，此时的最大传输距离为 15m。适当降低速率，其最大传输距离可达 60m。但它只是一对一的传输，仅用于简单或低速的系统，在实际应用中有一定的市场。

通用串行总线 USB(Universal Serial Bus)是由美国多家公司在 1995 年提出的一种高性能串行总线规范，具有传输速率高、即插即用、热切换(带电插拔)和可利用总线传送电源等特点，能连接 127 个装置。其电缆只有一对信号线和一对电源线，最高传输速率为 480Mb/s，轻巧便宜，适用于传递文件数据和音响信号，新的 PC 都已配上 USB 总线接口。

为提高数据传输速率，在集成式自动测试系统中大多采用并行总线进行连接。并行总线分为标准的和非标准的两类，常用的并行标准总线有通用接口总线 GPIB(IEEE-488)和 SCSI 总线。

3. 闭环控制型

闭环控制型现代测试系统能实现实时数据采集、实时判断决策、实时控制等功能。典型的闭环控制型现代测试系统结构框图如图 1.5 所示。

另外图 1.5 中所谓"执行机构"，通常是指各种继电器，如电磁铁、电磁阀门、电磁调节阀、伺服电动机等，它们在电路中是起通断、控制、调节、保护等作用的电气设备。

现代测试系统主要特点：高精度和高分辨率；高速实时数据分析处理；高可靠性和稳定性；多功能扩展；自校准和自动故障诊断；多种形式输出和存储结果。

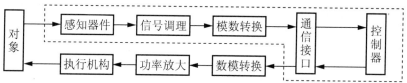

图 1.5 闭环控制型现代测试系统结构框图

【精讲微课】

## 1.2.2 现代测试技术的发展趋势

(1) 传感器向新型、微型、智能型方向发展。目前利用新材料(半导体、陶瓷、有机材料等)、新原理(生物、物理、化学效应等)、新工艺等已不断开发出来各种新型传感器。

微型传感器：随着微电子机械系统(Micro Electro Mechanical System，MEMS)技术的发展，促使传感器向体积微小、重量轻微、成本低(批量生产)方向发展。

智能传感器：以"传感器＋嵌入式计算机"的形式，具有自校准、自补偿、自动量程选择、数据存储与处理功能，这在 WSN 和物联网的感知层领域应用日趋广泛。

(2) 测试仪器向高精度、集成化、多功能、在线监测、性能标准化和低价格发展。微电子技术的发展，使多个同类型传感器集成在一个芯片或阵列上成为可能。集成化仪器的显著特点是由原来的点测量向平面空间测量发展，如电荷耦合器件(CCD)在数码照相机中的应用，光敏元阵列的集成使之称为可能。

而一体化，即将传感器和后续的处理电路集成一体，可以减少干扰，提高灵敏度且使用方便，传感器和数据处理电路集成促进了实时数据处理的实现。

多功能化主要指的是不同功能的传感器集成化，其主要特点是一个传感器可以同时测量不同种类的多个参数，如复合式气体检测仪等，这也是现场测控的实际需要。

(3) 数据处理以计算机为核心，测量、处理、显示及报警向自动化、网络化发展。虚拟仪器技术的推广和应用，促使"PC＋仪器板卡"应用形式逐步代替了传统仪器，同时用计算机软件数据处理代替了传统的硬件电路分析，如图 1.6 所示。

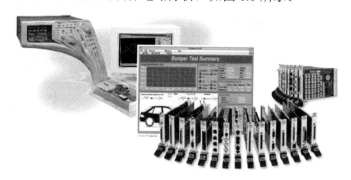

图 1.6 虚拟仪器技术应用模型

当前虚拟仪器技术应用方面的典型代表为 NI LabVIEW 的广泛应用，尤其是其"仪器即软件"的构想和实践的应用推广，大大促进了虚拟仪器技术在现代测控系统中的推广和应用，与此同时，充分利用互联网的传输途径和相关资源，促进了网络化应用的发展。

(4) 无线传感器网、RFID 网和物联网方面的广泛应用。现代传感器技术与检测技术快速发展，以及和数据库处理技术、现代通信技术等的有机应用结合，大大推进 WSN、RFID 网和物联网等的快速发展。

### 1.2.3 现代测试系统应用示例简介

**1. 生产加工过程检测**

以如图 1.7 所示数控加工中心应用为例，综合切削力传感器、加工噪声传感器、超声波测距传感器、红外接近开关传感器和光栅位移传感器等信号检测，最后通过 PLC 控制技术完成最后加工的过程。

图 1.7　数控加工中心

**2. 产品质量检测**

以如图 1.8 所示的汽车制造厂发动机测试系统为例，在汽车、机床等设备，以及电机、发动机等零部件出厂时，必须对其性能质量进行测量和出厂检验。测量参数主要包括润滑油温度、冷却水温度、燃油压力及发动机转速等。

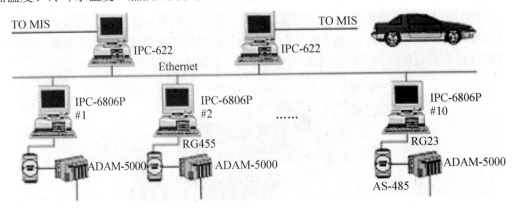

图 1.8　汽车制造厂发动机测试系统原理

**3. 设备运行状况监测**

在电力、冶金、石化、化工等工业流程中，生产线上设备运行状态关系到整个生产流水线流程，建设在线实时检测系统将为设备的维修准备提供可靠依据，将因设备故障维修带来的损失降到最低程度。图 1.9 所示为某火力发电厂 30MW 汽轮发电机组的设备运行状态实时检测系统。

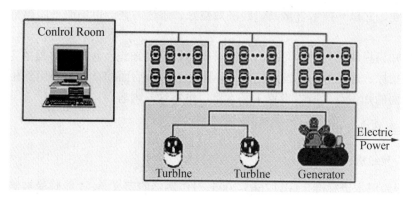

图 1.9 某火力发电厂 30MW 汽轮发电机组的设备运行状态实时检测系统

### 4. 安全防护

当前的楼宇设施应用了许多测试技术，如闯入监测、空气检测、温度监测和电梯运行状况监测等。图 1.10 所示为某楼宇自动化系统，该系统分为电源管理、安全监测、照明控制、空调控制、停车管理、水/废水管理和电梯监控，其中每项功能的实现均离不开现代测控系统。

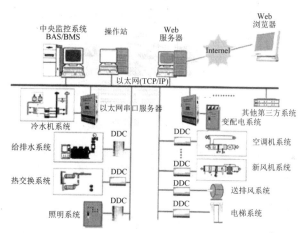

图 1.10 某楼宇自动化系统

另外，现代测试系统在汽车电子、医疗卫生、自动化控制、航空航天、机器人控制等领域也有广泛的应用，这里不再一一赘述。

## 1.3 传感器基础知识和基本接口电路

【参考图文】

当今社会的发展就是信息技术的发展。早在 20 世纪 80 年代，美国首先认识到世界已进入传感器时代，日本也将传感器技术列为十大技术之首，我国将传感器技术列为国家"八五"重点科技攻关项目，建成了"传感器技术国家重点实验室"、"微纳米国家重点实验室"、"国家传感器工程中心"等研究开发基地。传感器产业已被国内外公认为是具有发展前途的高技术产业，它以其技术含量高、经济效益好、渗透力强、市场前景广等特点为世人所瞩目。

通过本知识模块的内容学习，大体了解传感器基础知识，包括传感器的定义、组成、分类、技术指标、选择考虑和发展趋势等；同时考虑到后面的章节中要用到相应的传感器接口技术方面的知识点，所以设置了基本接口电路这一内容。

### 1.3.1 传感器基础知识

#### 1. 定义和组成

"传感器通用术语标准" GBT7665-2005 对传感器的定义是："能感受被测量并按照一定的规律转换成可用输出信号的器件或装置，通常由敏感元件和转换元件组成"。

这个定义包含四层意思：传感器是一种测量器件或装置；这里"规定的被测量"通常指的是非电量，常见的有物理量、化学量和生物量等；"可用信号"指的是把外界非电量信息转换成与之有确定对应关系的电量输出，如电阻、电流、电压等的变化关系；"转换"在工业测量中统称传感器，从能量转换角度称为换能器等。

狭义上来讲，这里的"可用信号"就是我们平时所指的电流、电压、电容、电感、电阻和频率(电脉冲)等这些电信号。

传感器主要由敏感元件和转换元件两部分组成，其基本组成框图如图 1.11 所示。

**图 1.11  传感器组成框图**

图 1.11 中，敏感元件是指在传感器中直接感受被测量的元件。被测量通过传感器的敏感元件转换成一个与之有确定关系、更易于转换的非电量，而后这一非电量通过转换元件再被转换成电参量。

转换电路的作用是将转换元件输出的电参量转换成易于处理的电压、电流或频率量。应该指出，有些传感器将敏感元件与传感元件合二为一了。

#### 2. 传感器分类

传感器的种类名目繁多，分类也不尽相同，具体见表 1-1。

**表 1-1  传感器的分类**

| 分类法 | 型　　式 | 说　　明 |
|---|---|---|
| 按输出量分类 | 模拟式<br>数字式 | 输出量为模拟信号(电压、电流、……)<br>输出量为数字信号(开关量、脉冲、编码、……) |
| 按输入量分类 | 长度、角度、振动、位移、压力、温度、流量、距离、速度等 | 以被测量命名(即按用途分类) |

续表

| 分类法 | 型　式 | 说　明 |
|---|---|---|
| 按基本效应分类 | 物理型 | 采用物理效应进行转换 |
| | 化学型 | 采用化学效应进行转换 |
| | 生物型 | 采用生物效应进行转换 |
| 按构成原理分类 | 结构型 | 以转换元件结构参数变化实现信号转换 |
| | 物性型 | 以转换元件物理特性变化实现信号转换 |
| 按能量关系分类 | 能量转换型 | 传感器输出量能量直接由被测量能量转换而来 |
| | 能量控制型 | 传感器输出量能量由外部能源提供，但受输入量控制 |
| 按工作原理分类 | 电阻式 | 利用电阻参数变化实现信号转换 |
| | 电容式 | 利用电容参数变化实现信号转换 |
| | 电感式 | 利用电感参数变化实现信号转换 |
| | 压电式 | 利用压电效应实现信号转换 |
| | 磁电式 | 利用电磁感应原理实现信号转换 |
| | 热电式 | 利用热电效应实现信号转换 |
| | 光电式 | 利用光电效应实现信号转换 |
| | 光纤式 | 利用光纤特性参数变化实现信号转换 |

**3. 传感器的特性与技术指标**

传感器特性主要是指输出与输入之间的关系。当输入量为常量或变化极慢时，这一关系称为静态特性；当输入量随时间较快的变化时，这一关系称为动态特性。输入与输出之间的关系取决于传感器本身，可通过传感器本身的改善来加以抑制，有时也可以对外界条件加以限制。

衡量传感器特性的主要技术指标包括量程、灵敏度、分辨力、分辨率、重复性、迟滞、线性度、稳定度、精度、稳定性、温漂等，大致关系如图 1.12 所示。传感器的参数指标决定了传感器的性能以及选用传感器的原则。

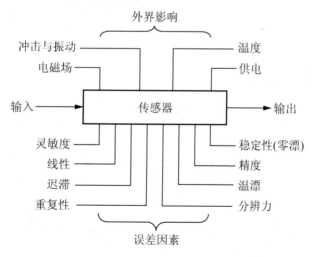

**图 1.12　传感器外界影响和误差因素关系图**

1) 量程

量程又称满度值，是指系统能够承受的最大输出值与最小输出值之差，如图 1.13 中的 $y_{FS}$ 所示。

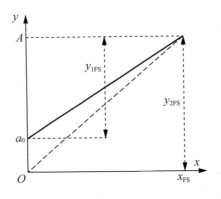

图 1.13　量程表示

2) 灵敏度

灵敏度是指传感器在稳态下输出变化值与输入变化值之比，如图 1.14 所示，其表达式为

$$S = \frac{\Delta y}{\Delta x} = \frac{\text{输出量的变化量}}{\text{输入量的变化量}}$$

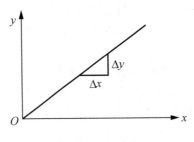

图 1.14　灵敏度表示

灵敏度的量纲取决于输入—输出的量纲。当输入与输出量纲相同时，则灵敏度是一个无量纲的数，常称为"放大倍数"或"增益"。

线性系统的灵敏度为常数，特性曲线是一条直线；非线性系统的特性曲线是一条曲线，其灵敏度随输入量的变化而变化。通常用一条参考直线代替实际特性曲线(拟合直线)，拟合直线的斜率作为测试系统的平均灵敏度。

灵敏度反映了测试系统对输入量变化反应的能力，灵敏度越高，测量范围往往越小，稳定性越差，所以平时需要合理选取。

3) 分辨力

分辨力是指传感器能检出被测信号的最小变化量。当被测量的变化小于分辨力时，传感器对输入量的变化无任何反应。

对数字仪表而言，如果没有其他附加说明，可以认为该表的最后一位所表示的数值就是它的分辨力。一般地说，分辨力的数值小于仪表的最大绝对误差。

4) 分辨率

分辨率是指传感器能够检测到的最小输入增量。对于输出为数字量的传感器，分辨率可以定义为一个量化单位或 1/2 个量化单位所对应的输入增量，如图 1.15 所示。使传感器产生输出变化的最小输入值称为传感器的阈值。

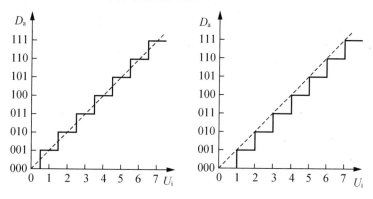

**图 1.15　分辨率定义表示**

5) 重复性(同向行程差/量程)

重复性是衡量测量结果分散性的指标，即衡量随机误差大小的指标，简单来说，也就是同一途径经过的重合度。重复性表示如图 1.16 所示，它的公式表示为

$$\delta_R = \frac{|\Delta R_{max}|}{y_{FS}} \times 100\%\tag{1-4}$$

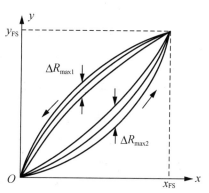

**图 1.16　重复性表示**

6) 迟滞(正返程差/量程)

迟滞的产生原因主要为磁滞、弹性滞后、间隙、材料变形等，对应的表示如图 1.17 所示，它的公式表示为

$$\delta_H = \frac{|\Delta H_{max}|}{y_{FS}} \times 100\%\tag{1-5}$$

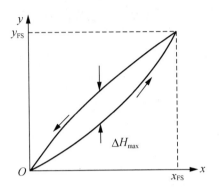

图 1.17　迟滞表示

7) 线性度

线性度表示如图 1.18 所示。线性度是指系统标准输入输出特性与拟合直线的不一致程度，也称非线性误差，用标准特性曲线与拟合直线之间的最大偏差相对满量程的百分比表示。

$$\delta_L = \frac{|\Delta L_{max}|}{y_{FS}} \times 100\% \tag{1-6}$$

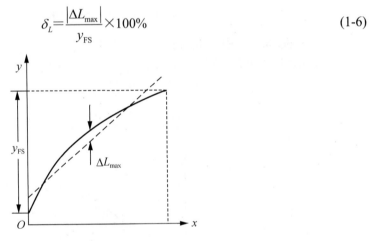

图 1.18　线性度表示

将传感器输出起始点与满量程点连接起来的直线作为拟合直线，这条直线称为端基理论直线，按上述方法得出的线性度称为端基线性度，其越小越好。

常用的直线拟合方法有理论拟合、端点连线拟合、最小二乘拟合等。相应的有理论线性度、端点连线线性度、最小二乘线性度等。实际中常用的是最小二乘拟合直线。

8) 准确度(精度)

准确度是表征测试系统的测量结果与被测量真值的符合程度，反映了系统误差和随机误差对测试系统的综合影响。

用测量误差表示：规定了精度等级指数 α 的产品，α 值越小，精度越高。精度等级由最大引用误差确定，最大引用误差是绝对误差最大绝对值与满量程之比。电工仪表的精度等级指数 α 分为 0.1、0.2、0.5、1.0、1.5、2.5、5.0，表示这些仪表最大引用误差不能超过 α 的百分数。

量程选择应使测量值尽可能接近仪表的满刻度值，并尽量避免让测量仪表在小于 1/3 量程范围内工作。

9) 稳定性和环境影响

稳定性是指在规定工作条件范围和规定时间内，保持输入信号不变时，系统或仪器性能保持不变的能力。通常用测试系统示值的变化量与时间之比来表示。例如，一测试仪器输出电压在 8 小时内的变化量为 1.3mV，则系统的稳定度为 1.3mV/8h。

环境影响是指环境温度、湿度、大气压、电源电压、振动等外界因素变化对测量系统或仪器示值的影响。

可靠性是反映检测系统在规定的条件下，在规定的时间内是否耐用的一种综合性的质量指标。

"老化"实验：在检测设备通电的情况下，将之放置于高温环境→低温环境→高温环境……反复循环。老化之后的系统在现场使用时，故障率大大降低。

**4. 传感器选择**

传感器选择的相关指标见表 1-2。

表 1-2　传感器选择的相关指标

| 基本参数指标 | 环境参数指标 | 可靠性指标 | 其他指标 |
| --- | --- | --- | --- |
| 量程指标：量程范围、过载能力等。<br>灵敏度指标：灵敏度、分辨力、满量程输出等。<br>精度有关指标：精度、误差、线性、滞后、重复性、灵敏度误差、稳定性。<br>动态性能指标：固定频率、阻尼比、时间常数、频率响应范围、频率特性、临界频率、临界速度、稳定时间等 | 温度指标：<br>工作温度范围、温度误差、温漂、温度系数、热滞后等。<br>抗冲振指标：<br>允许各向抗冲振的频率、振幅及加速度、冲振所引入的误差。<br>其他环境参数：<br>耐潮湿、耐介质腐蚀等能力，抗电磁场干扰能力等 | 工作寿命、平均无故障时间、保险期、疲劳性能、绝缘电阻、耐压及抗飞弧等 | 供电方式(直流、交流、频率及波形等)、功率、各项分布参数值、电压范围与稳定度等；<br>外形尺寸、重量、壳体材质、结构特点等；<br>安装方式、馈线电缆等 |

实际上，通常对传感器性能的基本要求为高灵敏度、线性、抗干扰的稳定性(对噪声不敏感)、易调节(校准简易)；高精度、高可靠性、无迟滞性、工作寿命长(耐用性)；高响应速率、可重复性、抗老化、抗环境影响(热、振动、酸、碱、空气、水、尘埃)的能力；选择性、安全性(传感器应是无污染的)、互换性、低成本；宽测量范围、小尺寸、重量轻和高强度、宽工作温度范围。

实际应用选择中，首先考虑是所选传感器的性价比，在此基础上充分考虑使用习惯和其他相关指标要求等。

**5. 传感器的发展趋势**

随着世界各国现代化步伐的加快，对检测技术的要求也越来越高，因此对传感器的开

【参考图文】

发成为目前最热门的研究课题之一。而科学技术，尤其是大规模集成电路技术、微型计算机技术、机电一体化技术、微机械和新材料技术的不断进步，大大促进了现代检测技术的发展。

传感器技术发展趋势可以从以下几方面来看。一是开发利用新材料、新工艺的新型传感器；二是实现传感器的多功能、高精度、集成化和智能化；三是通过传感器与其他学科的交叉整合，实现无线网络化。

### 1.3.2 传感器接口电路

传感器接口通常包括两部分内容，即传统的传感器信号处理电路和计算机接口电路。前者通指完成对传感器输出电信号的处理，是传感器与后续电路的连接环节。随着自动测控系统的智能化程度越来越高，对接口电路提出了更高的要求。而后者主要指的是传感器信号与计算机之间的接口，包括硬件接口和软件接口等。

1. 传感器信号处理电路

由于传感器种类繁多，传感器的输出形式也是各式各样的，归纳起来见表1-3。

表1-3 传感器的输出信号形式

| 输出形式 | 输出变化量 | 传感器的例子 |
| --- | --- | --- |
| 开关信号型 | 机械触点 | 双金属温度传感器 |
| | 电子开关 | 霍耳开关式集成传感器 |
| 模拟信号型 | 电　压 | 热电偶、磁敏元件、气敏元件 |
| | 电　流 | 光敏二极管 |
| | 电　阻 | 热敏电阻、应变片 |
| | 电　容 | 电容式传感器 |
| | 电　感 | 电感式传感器 |
| 其他 | 频　率 | 多普勒速度传感器、谐振式传感器 |

另外，传感器的输出信号一般比较微弱，有的传感器输出电压最小仅有 0.1 μV；传感器的输出阻抗都比较高，这样会使传感器信号输入到测量电路时，产生较大的信号衰减；传感器的输出信号动态范围很宽；传感器的输出信号随着输入物理量的变化而变化，但它们之间的关系不一定是线性关系；传感器的输出信号大小会受温度的影响，也就是说有温度系数存在，所以需要考虑温度补偿。

基于上述传感器信号的特点，典型的传感器接口电路见表1-4。

表1-4 典型的传感器接口电路

| 接口电路 | 信号预处理的功能 |
| --- | --- |
| 阻抗变换电路 | 在传感器输出为高阻抗的情况下，变换为低阻抗，以便于检测电路准确地拾取传感器的输出信号 |
| 放大电路 | 将微弱的传感器输出信号放大 |

| 接口电路 | 信号预处理的功能 |
| --- | --- |
| 电流电压转换电路 | 将传感器的电流输出转换成电压 |
| 电桥电路 | 把传感器的电阻、电容、电感变化转换为电流或电压 |
| 频率电压转换电路 | 把传感器输出的频率信号转换为电流或电压 |
| 电荷放大器 | 将电场型传感器输出产生的电荷转换为电压 |
| 有效值转换电路 | 在传感器为交流输出的情况下，转为有效值，变为直流输出 |
| 滤波电路 | 通过低通及带通滤波器消除传感器的噪声成分 |
| 线性化电路 | 在传感器特性不是线性的情况下，用来进行线性校正 |
| 对数压缩电路 | 当传感器输出信号的动态范围较宽时，用对数电路进行压缩 |

另外还有温度补偿电路、A/D 转换电路和 V/F 转换电路等。

上述的典型电路通常是结合分立元件传感器的应用来讲的，而当前应用中集成传感器(模拟输出或数字输出)和传感器应用模块逐步占主导地位，所以具体各个接口电路的应用细节考虑得也就比较少了。

随着各类集成传感器、数字传感器等的广泛应用，原来意义上的接口电路已逐步淡化了，也就是说前面表 1-4 所列的相关处理电路均已集成在一起，所以这时我们考虑或者关注的要点就和原来有所差别。

以霍尔传感器为例，原来在霍尔传感器分立元件应用过程中，需要考虑很多细节问题，信号放大部分通常还需要考虑采用差动放大的形式；而在当前实际应用中，集成霍尔传感器占主导地位，其把所有的信号处理环节均集成在一起，所以我们需将注意力更多的放在如何使用这集成霍尔传感器和需要注意的事项。

**2. 传感器与计算机的接口**

实际应用中传感器与计算机的接口通常包含硬件接口和软件接口两部分。硬件接口上通常有开关量接口方式、数字量接口方式和模拟量接口方式三种。

开关量输入接口的主要指标是抗干扰能力和可靠性，如果是接点开关量通常需要考虑硬件消抖或软件消抖，而无接点开关量信号，要考虑输入电路中接入比较器。

数字接口方式可通过三态门缓冲器或并行接口芯片传送给计算机。

模拟量接口方式可分为电压输出变化型、电流输出变化型及阻抗变化型三种。电压输出变化型和电流输出变化型的传感器，经 A/D 转换器转换成数字信号，或经 V/F 转换器转换成频率变化的信号；阻抗变换型传感器一般使用 *LC* 振荡器或 *RC* 振荡器将传感器输出的阻抗变化转换成频率的变化，再输入给微型计算机。模拟量输入接口通常就是指模数转换接口。

软件接口功能通常指的是如何把计算机连接的外部传感器输出信号读取到计算机内部的相关程序，如温度采集系统中温度信号的读取程序等。

**3. 接地问题**

电子线路中的接地对干扰有较大的影响。接地合理可以有效地抑制干扰，接地不合理非但不能抑制干扰，反而会给系统引入新的干扰。

测控电路设计中需遵循如下的原则。

一点接地：如果测试系统同时存在信号地线、交流电源地线和安全保护地线，那么应该将三种地线连在一起，再通过一个公共点接地，这是抑制共模干扰的重要措施。

电缆屏蔽层的接地：如果测试系统是一点接地，则电缆的屏蔽层也应该一点接地，即电缆屏蔽层应接至测试系统所设置的单一接地点上。

4．执行机构说明

日常应用中，"执行机构"除了各种继电器、电磁铁、电磁阀门、电磁调节阀、伺服电动机等外，555 构成单稳态电路和多谐振荡器电路在电子小制作和家电产品中也有着广泛的应用，另外专用集成模块在这方面的应用中也较为广泛。

**问题思考：**

1．什么叫传感器？传感器由哪几部分组成？它在自动控制系统中起什么作用？

2．什么是传感器的静态特性？它由哪些技术指标描述？

3．传感器基本接口电路的作用是什么？常见计算机接口电路有哪些？

4．常见的"执行机构"有哪些？查找相关资料，并了解各自的工作机理。

# 第**2**章
# 手机和 iPad2 中的传感器应用

## 教 学 目 标

　　本部分内容包括手机中常见的传感器及其基本原理及应用说明；智能手机中常见的传感器应用及其基本原理；iPad2 中相关传感器应用简介。

　　通过本章的学习，了解与手机常见功能对应的传感器应用情况；了解各种传感器的工作原理，熟练掌握各种传感器功能的使用，了解传感器电路的功能、特点，并能够识别手机中使用的各种传感器电路；能简单判断各类传感器电路的故障，了解传感器的特性及性能，能够识别传感器实物并排除简单故障。了解 iPad2 中的传感器应用及其对应功能。

## 教 学 要 求

| 知识要点 | 能力要求 | 相关知识 |
|---|---|---|
| 手机中的传感器应用 | (1) 了解手机中的各种传感器应用<br>(2) 熟悉各种传感器应用对应的手机功能<br>(3) 理解传感器应用原理<br>(4) 熟悉典型应用电路 | 手机中的各种典型传感器 |
| iPad2 中的传感器应用 | (1) 了解 iPad2 中与传感器有关的功能<br>(2) 熟悉典型传感器应用原理 | iPad2 中的传感器应用 |

引言

随着技术的进步，手机已经不再是一个简单的通信工具，而是具有综合功能的便携式的电子设备。用户可以用手机听音乐、看电影、拍照等。手机变得无所不能，在这种情况下各种传感器在手机中的应用应运而生。iPad2 在现实生活中也得到了较广的使用。

本章主要介绍几种典型的传感器及其在手机中的应用，这些传感器的应用为智能手机增加了感知能力，使手机能够知道用户做什么，甚至做什么的动作。

【精讲微课】

# 2.1 手机中的传感器应用

手机中传感器的应用是非常广泛的，尤其是当前的智能手机，下面就常见的一些传感器及其应用作概要的说明。

## 2.1.1 手机中的摄像头

在手机拍照、摄像和微信"扫一扫"等功能实现中，手机摄像头起着至关重要的作用。摄像功能指的是手机通过内置或是外接的摄像头进行静态图片拍摄、短片拍摄或扫描等，目前作为智能手机一项新重要附加功能，在现实生活中得到了迅速的发展。手机的摄像功能离不开摄像头，摄像头是组成数码照相机功能的重要部件，而图像传感器是其中的核心。

下面就手机摄像头的外形、结构、图像传感器和工作原理等作相关说明，并结合 MTK 芯片组手机的摄像头电路及其工作过程进行说明。

### 1. 手机摄像头外形和结构

摄像头分为数字摄像头和模拟摄像头两大类。现在手机上的摄像头基本以数字摄像头为主，数字摄像头可以直接捕捉影像，然后通过数字信号处理芯片进行处理后，送到 CPU，通过显示屏显示出来，而这一点是模拟摄像头所做不到的。

手机中常见的数字摄像头外形如图 2.1 所示。

【参考图文】

图 2.1 手机中的数字摄像头外形

手机摄像头一般由镜头、图像传感器和接口等组成，它的结构如图 2.2 所示。下面就图 2.2 中的各组成部分作相关说明。

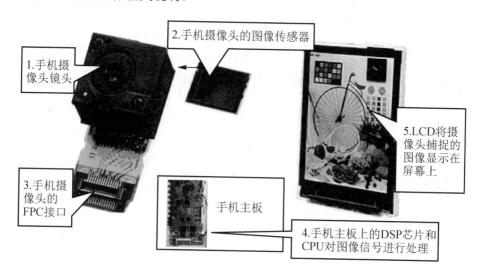

1.手机摄像头镜头

2.手机摄像头的图像传感器

3.手机摄像头的FPC接口

手机主板

4.手机主板上的DSP芯片和CPU对图像信号进行处理

5.LCD将摄像头捕捉的图像显示在屏幕上

图 2.2　手机摄像头的结构

1) 手机摄像头镜头

手机摄像头镜头通常采用钢化玻璃或 PMMA(有机玻璃，也叫亚克力)，镜头固定在图像传感器的上方，大部分手机摄像头的镜头在出厂时都已经调好固定。

2) 图像传感器

图像传感器是手机摄像头的成像感光器件，而且是与照相机一体的，是手机摄像头的核心，也是最关键的技术。目前手机摄像头的核心成像部件有两种：一种是互补金属氧化物半导体(Complementary Metal-Oxide Semiconductor，CMOS)器件；另一种是广泛使用的电荷耦合元件(Charge-Coupled Device，CCD)。

CMOS 传感器便于大规模生产，且速度快，成本较低，是数码照相机关键器件的发展方向之一。作为在手机摄像头中可记录光线变化的半导体，它的制造技术和一般计算机芯片没有什么差别，主要是利用硅和锗这两种元素所做成的半导体，使其在 CMOS 上共存着带 N(带－电)和 P(带＋电)级的半导体，这两个互补效应所产生的电流即可被处理芯片纪录和解读成影像。CMOS 成像器件的最大缺点是很容易出现杂点，主要原因是在处理快速变化的影像时由于电流变化过于频繁而会产生过热的现象。

CCD 在当前手机摄像头中应用十分广泛，它是以百万像素为单位的。通常所讲的手机摄像头是几百万像素，指的就是 CCD 的分辨率。CCD 是一种感光半导体芯片，用于捕捉图像，广泛应用于复印机、扫描仪以及数码照相机等设备，由此被移植到手机上后，使手机功能倍增。与胶卷的原理相似，光线穿过一个镜头，将图像信息投射到 CCD 上，然后所有图像数据都会不停留地送入一个 A/D 转换器、一个信号处理器以及一个存储设备(如内存芯片或内存卡)中。

具体有关光电效应方面的内容在这里不作展开，详见第 5 章光电传感器的应用。

3) 接口

手机中内置的摄像头本身是一个完整的组件，一般采用排线、板对板连接器、弹簧卡式连接方式与手机主板进行连接，将图像信号传送到手机主板的数字信号处理芯片 DSP(Diginal Singal Processing)芯片中进行处理。

### 2. 手机摄像头的工作原理

摄像头工作流程如图 2.3 所示，图 2.3 中景物通过镜头(LENS)生成的光学图像投射到图像传感器表面上，然后转为电信号，经过 A/D 转换后变为数字图像信号，再送到数字信号处理芯片(DSP)中经过一系列复杂的数学算法运算，并对数字图像信号参数进行优化处理后，再通过 CPU 进行处理和控制，就能够在显示屏(LCD)上显示镜头捕捉的景物图像了。需要指出的是，CMOS 图像传感器中没有 A/D 转换过程，这从前述原理也能看出。

**图 2.3 摄像头工作流程**

### 3. MTK 芯片组手机的摄像头电路详解

不同手机对应的摄像头电路都有所不同，下面以如图 2.4 所示的 MTK 芯片组手机的摄像头电路为例来说明工作电路的相关情况。

如图 2.4 所示，当手机进入拍摄或摄像状态时，电源会分别提供 1.8V 和 2.8V 供电电压给摄像头组件接口的 19 引脚和 2 引脚，同时 CPU 送出复位信号到摄像头组件接口的 4 引脚使摄像头复位，I2C 总线信号送到摄像头组件接口的 10 引脚、9 引脚，摄像头的控制信号分别送到摄像头组件接口的 8 引脚、7 引脚、6 引脚、5 引脚、3 引脚。

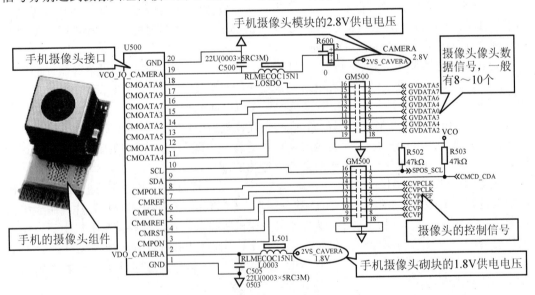

**图 2.4 MTK 芯片组手机的摄像头电路**

在前面所述情况下，摄像头组件进入工作状态。当摄像头捕捉的景物在图像传感器上转化成电信号后，经过摄像头组件 U500 的 11～18 引脚数据通信接口，送至 CPU MT6225 内部，在 CPU 内部的数字信号处理器中处理后，送至 LCD 显示出摄像头捕捉的景物。

**问题思考：**

1. 微信应用中有"二维码名片"，如图 2.5 所示，"扫一扫"对方的二维码图案，就能加对方为好友。试查阅相关文献资料，从手机摄像头的信号采集(突出图像传感器部分的采集原理)、二维码名片的信息构成原理、对应软件的处理情况等方面来说明整个功能实现过程。

图 2.5　微信中的二维码名片

2. 查阅相关资料，以实例比较说明 CCD 和 CMOS 两种成像感光元器件工作原理以及各自的优缺点等。

3. 查阅有关某一种当前流行的智能机文献资料，从手机摄像头的角度来说明：

(1) 摄像头的位置、种类、像素、对应的感光元器件等的基本信息；

(2) 对应的摄像头电路及其工作机理；

(3) 结合资料说明从景物到 LCD 图像显示的整个过程是如何实现的。

4. 如果手机摄像头本身出现问题，通常会导致哪些故障？

### 2.1.2　手机中的光线传感器

光线传感器从 2002 年 NOKIA 7650 手机开始使用的，而在当前流行的各款智能手机中，大多都用到了光线传感器，它在使手机功能得到了人性化凸显的同时，也给人们增加了更多的便利，尤其是待机时间这一点。光线传感器在最新款的 iPhone 手机中也得到了很好的应用。

**1. 手机中常见的光线传感器使用功能**

在手机中使用的光线传感器件一般是光敏三极管(又称为光电晶体管)。光敏三极管在手机上的应用主要是根据环境光线明暗来判断用户的使用条件，从而对手机进行智能调节，达到节能和方便用户使用的目的。常见的功能概括起来主要有以下几种。

(1) 某些手机移动到耳边打电话时，就会自动关闭屏幕和背光，这样就可以延长手机的续航时间，与此同时手机关闭了触屏，又可以防止发生打电话过程中误触屏幕挂断电话的误操作。

(2) 某些手机在黑暗环境下能自动降低背光亮度，这样就可以避免因为背光太亮而刺眼，同时在太阳强光下自动增加屏幕亮度，使显示更清楚。

(3) 另外还有些手机可以利用光线亮度控制铃声音量，即通过外界光线的强弱来控制铃声的大小。例如，手机装在皮包或衣服口袋里时就大声振铃，而取出时振铃就随之减小。它可以适应环境的需要，避免影响他人的同时还能节省电量，另外还能避免因为铃声过小漏接电话等。

2. 光敏三极管的结构和基本工作原理

光敏三极管的结构如图 2.6 所示，为适应光电转换的要求，它的基区面积较大，发射区面积较小，入射光主要被基区吸收。管子的芯片被装在带有玻璃透镜金属管壳内，当有光照射时，光线通过透镜集中照射在芯片上。

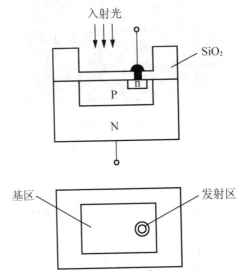

图 2.6　光敏三极管的芯片结构示意图

光敏三极管的基本工作原理是基于光生伏特效应，它的等效图和接线图如图 2.7 所示。

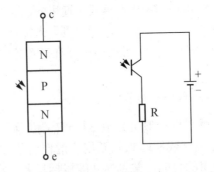

图 2.7　光敏三极管等效电路图和接线图

图 2.7 中光敏三极管的集电极接正，发射极接负。当无光照射时，流过光敏三极管的电流就是光敏三极管的暗电流。当有光照射在基区时，激发产生的电子-空穴对增加了少数载流子的浓度，使集电结反向饱和电流大大增加，这就是光敏三极管集电结的光生电流。该电流注入发射结进行放大，成为光敏三极管集电极与发射极间电流，它就是光敏三极管的光电流。

手机中的光敏三极管外形如图 2.8 所示，一般光敏三极管的基极已在管内连接(也有少部分是基极引线)，所以看起来只有两个引脚引出，外形非常像普通的发光二极管。

图 2.8　手机中的光敏三极管

3. NOKIA N73 手机光线传感器电路详解

NOKIA N73 手机(白色)整体外观如图 2.9 所示，它的光敏三极管就位于前摄像头旁边。

光线传感器的功能体现如下：在光线充足的情况下，在 2～3s 之后键盘灯会自动熄灭(即使操作手机键盘灯也不会亮)，到了光线比较暗的地方后键盘灯才会自动亮起来；在光线充足的情况下用手将光线感应器遮上 2～3s 之后，键盘灯就会自动亮起来。

【参考图文】

图 2.9　NOKIA N73 手机(白色)整体外观图

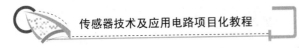
NOKIA N73 手机的光线传感器电路如图 2.10 所示。

它的工作机理如下：光敏三极管 V6501 将感应到的光线变成电信号送到电源管理/音频 IC 中的检测电路中，然后输出控制信号，控制 LCD 背光灯，使之能够随环境光线的强弱变换亮度，以达到节省电量满足视觉需要的目的。

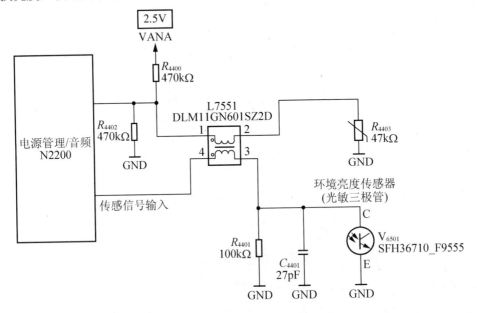

图 2.10　NOKIA N73 手机的光线传感器电路

### 4. 手机光线传感器的故障分析

手机光线传感器的功能主要在手机菜单中设置后才能使用，光线传感器 CE 结开路会造成手机光线传感器功能失效；光线传感器 CE 结短路会造成手机 LCD 黑屏现象。

**问题思考：**

1. 查阅相关资料说明 iPhone4S 中光线传感器的应用功能情况。

2. 试给出某种流行智能手机的光线传感器应用电路并作概要分析。

3. "光线传感器 CE 结开路会造成手机光线传感器功能失效；光线传感器 CE 结短路会造成手机 LCD 黑屏现象"，试通过查阅相关资料说明其中的具体原理是什么。

### 2.1.3　手机中的磁控传感器

在翻盖、滑盖手机的控制电路中常会用到磁控传感器，即通过磁信号来控制线路通断的传感器，主要是指干簧管和霍尔元件。磁控管传感器常被用于滑盖手机、翻盖手机电路中，特别是早期的爱立信、摩托罗拉、三星手机使用最多。通过翻盖的动作，使翻盖上磁铁控制磁控管传感器闭合或断开，从而实现挂断电话或接听电话等功能。

### 1. 干簧管

干簧管主要应用于老式的手机中，由于干簧管易碎等原因在新型手机中已经很少采用了，所以这里只对干簧管的外形特征和基本工作原理作简单介绍。

干簧管传感器的外壳一般是一根密封的玻璃管，在玻璃管中装有两个铁质的弹性簧片电极，玻璃管中充有某种惰性气体。它的常见外形如图 2.11 所示。

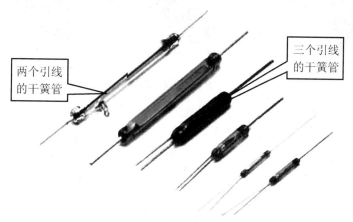

图 2.11　干簧管的常见外形

干簧管是利用磁场信号来控制的一种线路开关器件，它的工作原理示意图如图 2.12 所示，它是使用磁铁来控制这两个簧片的接通与否来达到控制目的的。

如图 2.12 所示，一般情况下玻璃管中的两个簧片是分开的，当有磁性物质靠近玻璃管时，在磁场作用下管内的两个簧片被磁化而互相吸引接触，使两个引脚所接的电路连通。外磁场消失后，两个簧片由于本身的弹性而分开，线路断开。

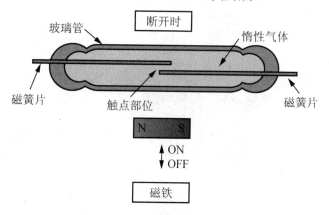

图 2.12　干簧管的工作原理示意图

2. 霍尔元件及其应用

霍尔元件主要应用在翻盖或滑盖手机的控制电路中，通过翻盖或滑盖的动作来控制挂掉电话或接听电话、锁定键盘及解除键盘锁等。实际上，霍尔元件是一个使用非常广泛的电子器件，在录像机、电动车、汽车、电脑散热风扇中都有应用。

手机中霍尔传感器的外形如图 2.13 所示，常见的封装有 3 引脚的，也有 4 引脚的。

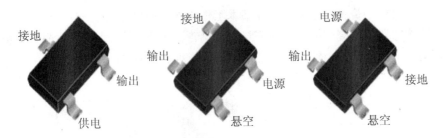

图 2.13　手机中霍尔传感器的外形

霍尔传感器的工作原理是基于霍尔效应的。所谓霍尔效应，是指磁场作用于载流金属导体、半导体中的载流子时，产生横向电位差的物理现象，用公式表示如下：

$$E_H = K_H \cdot B \cdot I \cdot \cos\theta \tag{2-1}$$

式中，$E_H$ 为霍尔电动势；$K_H$ 为霍尔系数，当为某个确定霍尔元件时为定值；$B$ 为通过的磁场强度；$I$ 是流经的电流值；$\theta$ 为磁场方向和电流流经方向的夹角。

霍尔传感器分为线性型霍尔传感器和开关型霍尔传感器两种，前者由霍尔元件、线性放大器和射极跟随器组成，它输出模拟量；后者由稳压器、霍尔元件、差分放大器、斯密特触发器和输出级组成，它输出数字量。

手机中使用的霍尔传感器是微功耗开关型霍尔传感器。在翻盖或滑盖手机中霍尔传感器的位置是固定的，一般在磁铁对应的主板的正面或反面，只要找到磁铁就一定能找到霍尔传感器。直板手机中没有这个电路。

NOKIA N95 滑盖手机外观如图 2.14 所示。

【参考图文】

图 2.14　NOKIA N95 滑盖手机外观

NOKIA N95 滑盖手机的霍尔传感器电路如图 2.15 所示。

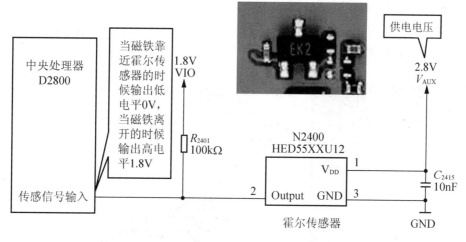

**图 2.15 NOKIA N95 滑盖手机的霍尔传感器电路**

概要地说,当磁场作用于霍尔元件时产生一微小的电压,经放大器放大及施密特电路后使三极管导通输出低电平;当无磁场作用时三极管截止,输出为高电平。

在滑盖手机中,霍尔传感器在上盖对应的方向有一个磁铁,用磁铁来控制霍尔传感器传感信号的输出。当合上滑盖的时候,霍尔传感器输出低电平作为中断信号传送到 CPU,强制手机退出正在运行的程序(如正在通话的电话),并且锁定键盘、关闭 LCD 背景灯;当打开滑盖的时候,霍尔传感器输出 1.8V 高电平,手机解锁、背景灯发光、接通正在打入的电话。

**问题思考:**

1. 爱立信 T28 型手机外形如图 2.16 所示,它是应用开关型霍尔元件来作为翻盖开关的,试查阅相关资料,给出控制电路详图,并详细说明对应功能和电路工作机理。

2. 霍尔元件在手机中损坏时引起的故障现象非常多,试结合使用经验和相关资料文献列举这些故障,并说明出现这些故障的原因。

【参考图文】

### 2.1.4 手机中的电阻屏和电容屏

触摸屏(Touch Panel)是平时我们对手机中使用的触摸传感器(Touch Sensor)的俗称,又称为触控面板,它的使用使人机交互更加直观和方便,增加了人机交流的乐趣。同时也减少了手机菜单按键,使得操作更加便捷、简单。目前在手机中最常用的触摸屏有电阻屏和电容屏两类。

**图 2.16 爱立信 T28 型手机外形**

1. 电阻屏

很多 LCD 模块都采用了电阻屏,它的外形结构如图 2.17 所示。电阻屏是覆盖在 LCD

上面一层玻璃结构的透明的材料，它与 LCD 是可以分离的，可以单独进行更换，有些手机的触摸屏和 LCD 合在一起，如果触摸屏损坏只能一起更换。部分手机会在触摸屏上面加一个屏幕面板，用来保护触摸屏和 LCD。

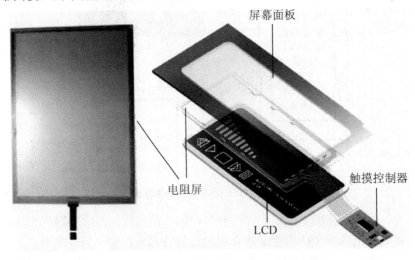

图 2.17　电阻屏的外形结构

　　电阻屏是一种传感器，它将矩形区域中触摸点(X，Y)的物理位置转换为代表 X 坐标和 Y 坐标的电压。

　　具体地说，电阻屏基本上是薄膜加上玻璃的结构，如图 2.18 所示，在薄膜和玻璃相对的两个面上均涂有 ITO(纳米铟锡金属氧化物)涂层，ITO 具有很好的导电性和透明性。当进而触摸操作时，薄膜下层的 ITO 会接触到玻璃上层的 ITO，经由感应器传出相应的电信号，经过转换电路送到处理器，通过运算转化为屏幕上的 X、Y 值，从而完成点选的动作，并呈现在屏幕上。

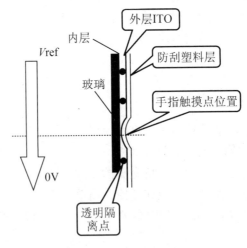

图 2.18　触摸屏的结构

实际上，当触摸屏表面受到的压力(如通过笔尖或手指进行按压)足够大时，顶层与底层之间会产生接触。所有的电阻屏都采用分压器原理来产生代表 X 坐标和 Y 坐标的电压，如图 2.19 所示，分压器是通过将两个电阻进行串联来实现的。上面的电阻($R_1$)连接正参考电压($V_{REF}$)，下面的电阻($R_2$)接地。两个电阻连接点处的电压测量值与下面那个电阻的阻值成正比。

当触摸屏上的压力足够大，使两层之间发生接触时，电阻性表面被分隔为两个电阻，对应的阻值与触摸点到偏置边缘的距离成正比。触摸点与接地端之间的电阻相当于分压器中 $R_2$ 电阻。

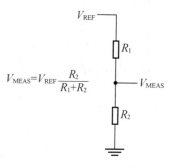

图 2.19　触摸屏的分压原理

在手机中使用的电阻屏大多是四线触摸屏。四线触摸屏包含两个阻性层，其中一层在屏幕的左右边缘各有一条垂直总线，另一层在屏幕的底部和顶部各有一条水平总线，如图 2.20 所示。

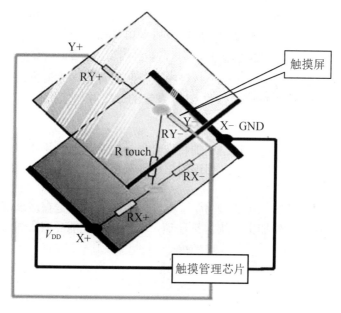

图 2.20　四线电阻屏工作原理

如图 2.20 所示，四线触摸屏的工作原理如下：在触摸屏幕后，起到电压计作用的触摸管理芯片首先在 X＋点上施加电压梯度 $V_{DD}$，在 X－点上施加接地电压 GND；然后检测 Y 轴电阻上的模拟电压，并把模拟电压转化成数值，用 A/D 转换器计算出 X 坐标。在这种情况下，Y－轴就变成了感应线。同样道理，在 Y＋和 Y－点分施加电压梯度，可以测量 Y 轴坐标。

图 2.21 是某款手机的电阻屏电路，电路由触摸检测部件、触摸屏控制芯片、CPU 组成，触摸屏安装在 LCD 的前面。

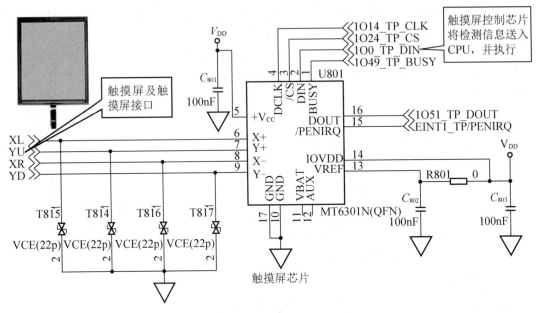

图 2.21　某款手机的电阻屏电路

　　如图 2.21 所示电路：当手指触摸图标或菜单位置时，触摸屏将检测的信息送入触摸屏控制芯片，触摸屏控制器的主要作用是从触摸点检测装置上接收触摸信息，并将它转换成触点坐标，再送给 CPU，它同时能接收 CPU 发来的命令并加以执行。

　　2. 电容屏

　　电容屏是在玻璃表面贴上一层透明的特殊金属导电物质。当手指触摸在金属层上时，触点的电容就会发生变化，使得与之相连的振荡器频率发生变化，通过测量频率变化可以确定触摸位置获得信息。

　　电容屏工作原理示意图如图 2.22 所示。电容屏的构造主要是在玻璃屏幕上镀一层透明的薄膜体层，再在导体层外加上一块保护玻璃，双玻璃设计能更好保护导体层及感应器。

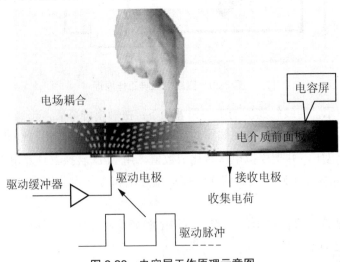

图 2.22　电容屏工作原理示意图

电容屏在触摸屏四周均镀上狭长的电极，在导电体内形成一个低电压交流电场。

当用手指触摸感应屏时，人体的电场使手指和触摸屏表面形成一个耦合电容，对于高频电流来说，电容是直接导体，于是手指从接触点吸走一部分很小的电流。这部分电流分从触摸屏的四角上的电极中流出，并且流经这四个电极的电流与手指到四角的距离成正比，控制器通过对这四部分电流比例的精确计算，得出触摸点的位置。

电容屏的双玻璃不但能保护导体及感应器，更能有效地防止外在环境因素对触摸屏造成的影响，即使屏幕沾有污秽、尘埃或油渍，电容式触摸屏依然能准确算出触摸位置。

iPhone 手机的纯平触摸屏(Touch Lens，中文俗称有"镜面式触摸屏"、"纯屏触摸屏")的外观如图 2.23 所示，其为电容屏，屏幕面板和触摸屏合二为一，透光率高，使用寿命长，适合手机的超薄化设计，加上可以多点触摸功能，深受 iPhone 用户的喜爱。

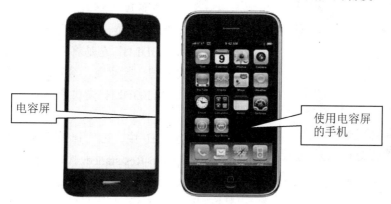

电容屏

使用电容屏的手机

**图 2.23　iPhone 手机的电容屏**

相比传统的电阻屏，电容屏的优势主要表现如下：操作新奇，电容屏支持多点触控，操作更加直观、更具趣味性；不易误触，由于电容屏需要感应到人体的电流，只有人体才能对其进行操作，用其他物体触碰时并不会有所响应，所以基本避免了误触的可能；耐用度高，即电容屏在防尘、防水、耐磨等方面有较好的表现。

作为目前广泛应用的触摸屏技术，电容屏虽然具有界面华丽、多点触控、只对人体感应等优势，但也有精度不高、易受环境影响和成本偏高等缺点。

触摸传感器除了以上介绍的电阻屏和电容屏，还有其他类型的触摸屏，在此不再赘述。

**问题思考：**

1. 温度和湿度等环境因素发生改变时，也会引起电容屏的不稳定甚至漂移。试查阅相关资料说明造成这种情况的原因是什么？同时这样的问题存在会影响到哪些功能？

2. iPhone 触族手套是在冬天用于操作触摸屏 iPhone、iPad、itouch 等产品的特殊手套，试查阅相关资料说明这种手套的工作机理。

3. 当前流行使用的各款手机中，哪些是电阻屏的？哪些是电容屏的？各列举三款。

4. 查阅相关文献资料说明，除了电阻屏和电容屏之外，还有哪些触摸屏的使用？对它们各自对应的工作原理和应用场合作概要说明。

5. 结合实际生活应用思考一下，触摸功能错位、触摸屏失灵以及触摸屏部分失灵等功能失常的原因是什么？通常如何解决这些问题？

## 2.1.5　手机中的电子罗盘

　　随着半导体工艺的进步和手机操作系统的发展，集成了越来越多传感器的智能手机功能变得越来越强大，很多手机上都实现了电子罗盘的功能，而基于电子罗盘的应用(如 Android 的 Skymap)在各个软件平台上也流行起来。

　　电子罗盘也称电子指南针，是一种重要的导航工具，它能实时提供移动物体的姿态和航向。某款手机的电子指罗盘功能如图 2.24 所示。

　　要实现电子罗盘功能，需要一个检测磁场的三轴磁力传感器和一个三轴加速度传感器。随着 MEMS 技术的成熟，意法半导体(SI)公司推出了一款成本低、性能高的电子罗盘模块 LSM303DLH，它是将三轴磁力传感器和三轴加速度传感器集成在一起实现二合一的传感器模块。

　　下面通过 LSM303DLH 模块来说明手机中电子罗盘功能的实现。

　　在 LSM303DLH 中，磁力计采用各向异性磁致电阻(Anisotropic Magneto-Resistance，AMR)材料来检测空间中磁感应强度的大小。这种具有晶体结构的合金材料 AMR 对外界的磁场很敏感，而且磁场的强弱变化会导致 AMR

图 2.24　某款手机的电子罗盘功能

自身电阻值发生变化。

　　如图 2.25 所示，在制造过程中，将一个强磁场加在 AMR 上使其在某一方向上磁化，建立起一个主磁域，与主磁域垂直的轴被称为该 AMR 的敏感轴。

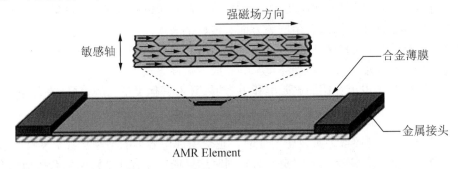

图 2.25　AMR 材料示意图

　　如图 2.26 所示，为了使测量结果以线性的方式变化，AMR 材料上的金属导线呈 45°夹角倾斜排列，电流从这些导线上流过，这样由初始强磁场在 AMR 材料上建立起来的主磁域和电流方向呈 45°夹角。

　　如图 2.27 所示，当有外界磁场时，AMR 上主磁域方向就会发生变化而不再是初始的方向了，与此同时磁场方向 M 和电流 I 的夹角 $\theta$ 也会发生变化。

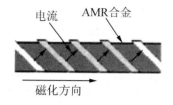

图 2.26　45°角排列的导线

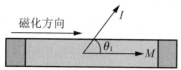
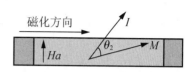

图 2.27　磁场方向和电流方向的夹角

对 AMR 材料来说，$\theta$ 角的变化就会引起 AMR 自身阻值的变化，且它们之间呈现的是如图 2.28 所示的线性关系。

根据上述的原理，可以采用如图 2.29 所示的惠斯通电桥检测 AMR 阻值的变化。

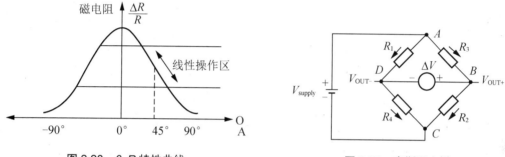

图 2.28　$\theta$-$R$ 特性曲线

图 2.29　惠斯通电桥

图 2.29 中，$R_1$、$R_2$、$R_3$ 和 $R_4$ 是初始状态相同的 AMR 电阻，但是 $R_1 / R_2$ 和 $R_3 / R_4$ 具有相反的磁化特性。

当检测到外界磁场的时候，$R_1 / R_2$ 阻值增加$\Delta R$；而 $R_3 / R_4$ 减少$\Delta R$。这样在没有外界磁场的情况下，电桥的输出为零；而在有外界磁场时电桥的输出为一个微小的电压$\Delta V$。

当 $R_1 = R_2 = R_3 = R_4 = R$，在外界磁场的作用下电阻变化为$\Delta R$ 时，电桥输出$\Delta V$ 正比于$\Delta R$。这就是磁力计的工作原理。

意法半导体公司的 LSM303DLH 模块如图 2.30 所示，它将加速度传感器、磁力传感器、A/D 转换器及信号调理电路集成在一起，通过 I2C 总线和处理器通信。用一块芯片就实现了六轴的数据检测和输出，减小了 PCB 板的占用面积，降低了器件成本。

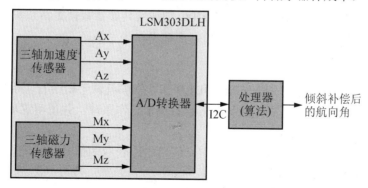

图 2.30　LSM303DLH 模块

实现电子罗盘功能的 LSM303DLH 应用电路如图 2.31 所示。图 2.31 中，磁力传感器和加速度传感器各自有一条 I2C 总线和处理器通信。$C_1$ 和 $C_2$ 为置位/复位电路的外部匹配电容，由于对置位脉冲和复位脉冲有一定的要求，通常不能随意修改 $C_1$ 和 $C_2$ 的大小。

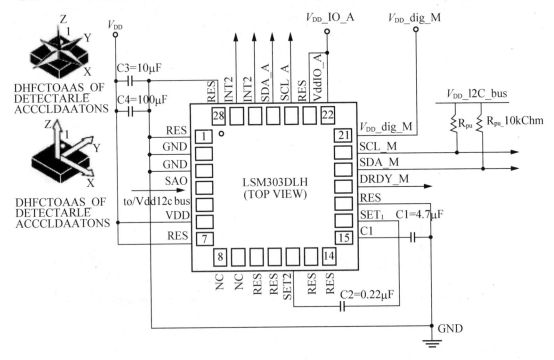

图 2.31　实现电子罗盘功能的 LSM303DLH 应用电路

电路中，当 I/O 接口电平为 1.8V 时，$V_{DD}$\_dig\_M、$V_{DD}$\_IO\_A 和 $V_{DD}$\_I2C\_Bus 均可接 1.8V 供电，Vdd 使用 2.5V 以上供电即可；如果接口电平为 2.6V，除了 Vdd\_dig\_M 要求 1.8V 以外，其他皆可以用 2.6V。

LSM303DLH 的突出优点是可以分别对磁力传感器和加速度传感器的供电模式进行控制，使其进入睡眠或低功耗模式，另外用户也可自行调整磁力传感器和加速度传感器的数据更新频率，以调整功耗水平。

通常在磁力传感器数据更新频率为 7.5Hz、加速度传感器数据更新频率为 50Hz 时，消耗电流典型值为 0.83mA，而在待机模式时，消耗电流小于 3μA。

**问题思考：**

1. 查阅相关文献资料，说明 LSM303DLH 模块在哪几款手机中有应用。

2. 通过查阅资料说明三轴加速度传感器的基本工作原理，并说明它单独应用时对应的手机功能是什么。

3. 你能否说明电子罗盘的功能实现中，应用电路获取的信号和系统软件是如何实现对接的？可以结合功能实现来说明。

4. 思考一下，如果手机中的电子罗盘出现故障，会出现哪些功能问题呢？具体体现在哪里？

### 2.1.6　手机中的其他传感器

除了上述几种常见的传感器在手机中广泛使用外，目前的智能手机中通常还使用了重力传感器、方向传感器、三轴陀螺仪、温度传感器、压力传感器、线性加速度传感器和旋转矢量传感器等。

如图 2.32 所示，iPhone4 手机采用了意法半导体公司的 MEMS 三轴陀螺仪芯片，芯片内部包含有一块微型磁性体，它可以在手机进行旋转运动时产生的科里奥力作用下向 X，Y，Z 三个方向发生位移，利用这一原理便可以测出手机的运动方向，而芯片核心中的另外一部分则可以将有关的传感数据转换为 iPhone4 可以识别的数字格式。

iPhone4 手机采用了意法半导体公司的 MEMS 陀螺仪芯片

【参考图文】

图 2.32　iPhone4 手机中三轴陀螺仪芯片

在 Android2.3 gingerbread 系统中，Google 提供了 11 种传感器供应用层使用。

```
#define SENSOR_TYPE_ACCELEROMETER        1 //加速度
#define SENSOR_TYPE_MAGNETIC_FIELD       2 //磁力
#define SENSOR_TYPE_ORIENTATION          3 //方向
#define SENSOR_TYPE_GYROSCOPE            4 //陀螺仪
#define SENSOR_TYPE_LIGHT                5 //光线感应
#define SENSOR_TYPE_PRESSURE             6 //压力
#define SENSOR_TYPE_TEMPERATURE          7 //温度
#define SENSOR_TYPE_PROXIMITY            8 //接近
#define SENSOR_TYPE_GRAVITY              9 //重力
#define SENSOR_TYPE_LINEAR_ACCELERATION 10 //线性加速度
#define SENSOR_TYPE_ROTATION_VECTOR     11 //旋转矢量
```

加速度传感器简称 G-sensor，它返回 x、y、z 三轴的加速度数值，具体如下：

(1) 将手机平放在桌面上，x 轴默认为 0，y 轴默认 0，z 轴默认 9.81；

(2) 将手机朝下放在桌面上，z 轴为-9.81；

(3) 将手机向左倾斜，x 轴为正值；

(4) 将手机向右倾斜，x 轴为负值；

(5) 将手机向上倾斜，y 轴为负值；

(6) 将手机向下倾斜，y 轴为正值。

手机中常用的加速度传感器有 BOSCH(博世)公司的 BMA 系列，AMK 公司的 897X 系列，ST 公司的 LIS3X 系列等。这些传感器一般提供±2g～±16g 的加速度测量范围，采用 I2C 或 SPI 接口和 MCU 相连，数据精度小于 16bit。

陀螺仪传感器简称 Gyro-sensor，它返回 x、y、z 三轴的角加速度数据。ST 的 L3G 系列的陀螺仪传感器比较流行，iPhone4 和 Google 的 nexus S 中使用该种传感器。根据 Nexus S 手机实测：

(1) 水平逆时针旋转，z 轴为正；

(2) 水平逆时针旋转，z 轴为负；

(3) 向左旋转，y 轴为负；

(4) 向右旋转，y 轴为正；

(5) 向上旋转，x 轴为负；

(6) 向下旋转，x 轴为正。

重力传感器简称 GV-sensor，输出重力数据。在地球上，重力数值为 9.8，单位是 m/s$^2$。重力传感器的坐标系统与加速度传感器相同。当设备复位时，重力传感器的输出与加速度传感器相同。

线性加速度传感器简称 LA-sensor，它是加速度传感器减去重力影响获取的数据，其计算公式如下：加速度＝重力＋线性加速度。

【精讲微课】

## 2.2　iPad2 中的传感器应用

当前流行的智能手机、iPhone 手机中常用的传感器在 iPad2 中也得到了较好的应用。iPad2 的外观和拆解分别如图 2.33 和图 2.34 所示。

【参考图文】　　　图 2.33　iPad2 的外观　　　　　图 2.34　iPad2 的拆解

iPad2 的前置摄像头如图 2.35 所示。具体位置如图 2.35(a)所示；取下的摄像头部件如图 2.35(b)所示，该部件同时包括摄像头、耳机插孔和麦克分电路；图 2.35(c)为 iPad2 的前置摄像头集成板，包括摄像头、闪光灯、耳机插孔和上端扬声器。

(a)  iPad2 的前置摄像头位置　　(b)  iPad2 的前置摄像头部件　　(c)  iPad2 的前置摄像头集成板

图 2.35　iPad2 的前置摄像头

iPad2 的后置摄像头如图 2.36 所示。

图 2.36　iPad2 的后置摄像头

如图 2.37 所示为 iPad2 中的集成板，图 2.37 中 AGD82103 三轴陀螺仪，旁边是 LIS331DLH 加速计，它们均来自意法半导体公司。

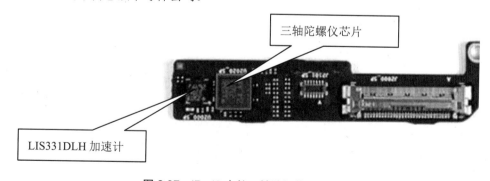

图 2.37　iPad2 中的三轴陀螺仪和加速计

其他传感器这里不再一一列举。

iPad2 中传感器功能的体现有这么时髦的几句话：

(1) 有了三轴陀螺仪、加速感应器、罗盘，iPad 知道你的一举一动；

(2) 有了内置的加速感应器，你可将 iPad 转为纵向或横向模式，还可以上下颠倒，你正在观看、阅读或查看的任何画面都会自动调整，以配合显示屏；

(3) 加速感应器、三轴陀螺仪和罗盘全部相互配合，可以感应到 iPad 面对方向和运动方式，因此游戏、地图和其他应用程序可以感知你的每一次扭转、转弯、倾斜和 360°转动。

上述的这些传感器原理和前述手机中应用的基本相同，这里不再一一赘述。

问题思考：

1. 在 iPad2 的推出中，有一款独具特色的创意附件——Smart Cover，即智能封面。试查阅相关资料说明 iPad2 Smart Cover 中传感器的应用原理和功能体现。

提示：如图 2.38 所示，使用磁场显影膜，可以发现 Smart Cover 和 iPad 机身边缘，都藏有多块小磁铁。

【参考图文】

图 2.38　Smart Cover

2. 查阅相关资料说明 iPad2 中前置摄像头和后置摄像头的不同之处。

3. 试列举 iPad2 除前述功能外的 2～3 种其他功能，并说明对应传感器的工作机理。

# 第 **3** 章
## 汽车控制中的传感器应用

 **教 学 目 标**

　　本部分内容主要包括"汽车传感器应用概况及分类"、"汽车发动机控制传感器"和"汽车车身控制传感器"三大知识模块，同时在最后一部分以综合应用实例形式展开说明。

　　通过本章的学习，了解汽车控制中各类传感器特点，熟悉部分典型汽车传感器应用情况及其对应的相关功能和应用原理；了解汽车控制中信号检测、传输、处理和控制实现的过程，并了解有关传感器故障引起的问题等。

**教 学 要 求**

| 知识要点 | 能力要求 | 相关知识 |
|---|---|---|
| 汽车传感器应用概述 | (1) 了解汽车传感器的应用情况<br>(2) 熟悉汽车传感器的分类 | 汽车传感器分类 |
| 汽车发动机控制传感器 | (1) 了解各种汽车发动机传感器<br>(2) 熟悉各种传感器的基本工作原理<br>(3) 了解典型应用的工作过程 | 汽车发动机传感器 |
| 汽车车身控制传感器 | (1) 了解各种汽车车身传感器<br>(2) 熟悉各种传感器的基本工作原理<br>(3) 了解典型传感器应用的工作过程 | 汽车车身传感器 |

现代汽车控制技术中，各种传感器的应用使得汽车在智能化、稳定性、安全性和舒适度等方面有了很大的提高。据调查显示汽车领域是传感器应用最多的场合，通过本章的学习，可以使大家对汽车传感器有一个大体的认识。

# 3.1　汽车传感器的应用概述及分类

## 3.1.1　汽车传感器的应用概述

### 1. 传感器在发动机控制系统中的应用

发动机控制系统用传感器主要有温度传感器、压力传感器、位置和转速传感器、流量传感器、气体浓度传感器和爆燃传感器等。这些传感器向发动机的电子控制单元(ECU)提供发动机的工作状况信息，以提高发动机的动力性、降低油耗、减少废气排放和进行故障检测等。

例如，发动机冷却液液位传感器，此传感器在冷却液膨胀箱盖上，当发动机冷却液液位下降时，启亮报警指示灯，此开关为常闭开关。

再如，发动机冷却液温度传感器，此传感器在冷却液膨胀箱盖上，温度传感器的电阻与冷却液温度成正比，该传感器向仪表盘发送调解信号。发动机冷却液温度在仪表盘上以显示条形式显示，通常显示条最多为 12 格，每格表示 5～6℃。一般来说发动机冷机(温度低于 56℃)时，显示条只显示 1 格；当发动机处于正常工作温度时，显示条将最多显示 10 格；发动机温度过高，显示格数从 11 增到 12 时，启亮仪表盘上的报警指示灯报警，此报警为关键性报警。

【参考图文】

### 2. 传感器在底盘上的应用

传感器在底盘上的应用主要是指变速器控制系统、悬架控制系统、动力转向系统和防抱死制动系统等上的相关传感器应用。

变速器控制系统应用的传感器有车速传感器、加速踏板位置传感器、加速度传感器、节气门位置传感器、发动机转速传感器、水温传感器、油温传感器等。

悬架控制系统应用的传感器有车速传感器、节气门位置传感器、加速度传感器、车身高度传感器、方向盘转角传感器等。

动力转向系统应用的传感器主要有车速传感器、发动机转速传感器、转矩传感器、油压传感器等。

防抱死制动系统应用的传感器主要有转速传感器、车速传感器等。

**3．车身控制用传感器**

车身控制用传感器主要用于提高汽车的安全性、可靠性和舒适性等。其主要有用于自动空调系统的温度传感器、湿度传感器、风量传感器、日照强度传感器等；用于安全气囊系统中的加速度传感器；用于门锁控制中的车速传感器；用于亮度自动控制中的光传感器；用于倒车控制中的超声波传感器或激光传感器；用于保持车距的距离传感器；用于消除驾驶员盲区的图像传感器等。

**4．导航系统用传感器**

随着基于 GPS/GIS(全球定位系统和地理信息系统)的导航系统在汽车上的应用，导航用传感器这几年得到迅速发展。导航系统用传感器主要有确定汽车行驶方向的罗盘传感器、陀螺仪和车速传感器、方向盘转角传感器等。

## 3.1.2　汽车传感器的种类

汽车传感器大致有两类，一类是使司机了解汽车各部分状态的传感器；另一类是用于控制汽车运行状态的控制传感器。其主要种类如表 3-1 所示。

表 3-1　汽车传感器的主要种类

| 项　　目 | 检测量、检测对象 |
| --- | --- |
| 温度 | 冷却水、排出气体(催化剂)、吸入空气、发动机油、车内外空气 |
| 压力 | 吸气压、大气压、燃烧压、发动机油压、制动压、各种泵压、轮胎压 |
| 转速 | 曲轴转角、曲轴转速、车轮速度 |
| 速度、加速度 | 车速(绝对值)、加速度 |
| 流量 | 吸入空气量、燃料流量、废气再循环量、二次空气量 |
| 液量 | 燃料、冷却水、电解液、洗窗器液、机油、制动液 |
| 位移、方位 | 节流阀开度、排气再循环阀开量、车高(悬架、位移)、行驶距离、行驶方向、GPS 定位 |
| 排出气体 | 氧气、二氧化碳、二氧化氮、碳氢化合物、柴油烟 |
| 其他 | 转矩、爆燃、燃料成分、湿度、玻璃结露、鉴别饮酒、睡眠状态、电池、电压、蓄电池容量、灯泡断线、荷重、冲击物、轮胎失效、风量、日照、光照、地磁等 |

# 3.2　汽车发动机控制传感器

【参考图文】

汽车发动机控制传感器有很多，下面选取几种最常用的传感器进行必要的说明。

## 3.2.1　空气流量传感器

空气流量传感器(Air Flow Sensor，AFS)又称空气流量计(Air Flow Meter，AFM)，是进

气歧管空气流量传感器(Manifold Air Flow Sensor，MAFS)的简称，它的作用是将单位时间内吸入发动机气缸的空气量转换成电信号输送至发动机电子控制单元(ECU)，作为决定喷油量和点火正时的基本信号之一。

根据检测进气量的方式不同，空气流量传感器分为 D 型(压力型)和 L 型(空气流量型)两种类型。D 型是利用压力传感器检测进气歧管内的绝对压力，测量方法属于间接测量法，测量精度不高但控制系统的成本较低；L 型则是利用流量传感器直接测量吸入进气管的空气流量，因为采用直接测量方式，所以进气量的测量精度较高，控制效果优于 D 型燃油喷射系统。

常用的空气流量计通常安装在空气滤清器和节气门之间的进气管上，如图 3.1 所示即为大众 3000 空气流量计的安装位置。

【参考图文】

**图 3.1　大众 3000 空气流量计的安装位置**

通常 L 型空气流量计有翼板式空气流量计、卡门漩涡式空气流量计、热线式空气流量计和热膜式空气流量计等。

现代轿车基本采用了热式空气流量计(包括热丝式和热膜式)，这类传感器工作性能稳定，测量精度高，当然成本相对来说也较高。其中热膜式流量传感器内没有运动部件，因此没有流动阻力，且使用寿命远长于热丝式，所以应用更为广泛。

1. **热丝式空气流量计**

热丝式空气流量计的结构如图 3.2 所示。

这里的检测元件是铂金属丝。铂金属检测元件的响应速度快，能在几毫秒内反映出空气流量的变化，因此测量精度不受进气气流脉动的影响(气流脉动在发动机大负荷、低转速运转时最为明显，具有进气阻力小、无磨损部件等优点)。

由图 3.2 可见，传感器壳体两端设置有与进气道相连的圆形连接接头，空气的入口和出口都设有防止传感器受到机械损伤的防护网。传感器入口与空气滤清器一端的进气管相连，出口与节流阀体一端的进气管相连。

热丝式空气流量计主要是通过控制发热元件的温度与空气温度之差为一恒定值，并利用发热元件的加热电流求得空气气流的流量，这个通常采用恒温差控制电路来实现检测，电路如图 3.3 所示。

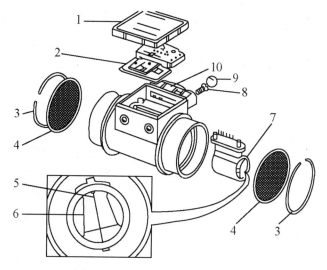

**图 3.2　热丝式空气流量计的结构**

1—传感器密封盖；2—印刷控制电路板；3—卡环；4—防护网；5—温度补偿电阻丝(冷丝)；

6—铂金属丝(热丝)；7—取样环；8—CO 调节螺钉；9—防护塞；10—接线插座

　　图 3.3 中，当空气气流流经发热元件使其受到冷却时，发热元件温度降低，阻值减小，电桥电压失去平衡，这样控制电路将增大供给发热元件的电流，使其温度保持高于温度补偿电阻温度。实际上，电流增量的大小取决于发热元件受到冷却的程度，即取决于流过传感器的空气量。实际上，电路中输出信号电压 $U_{\text{s}}$ 与空气流量之间近似于 4 次方的关系，当然最后空气流量值的得出还要通过 ECU 的计算。

　　图 3.3(a)中，热线和进气温度传感器都安装在主气道中的取样管内，故称为主通式热线空气流量计，它对应的电桥电路如图(b)所示。

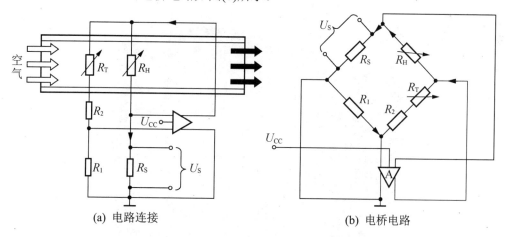

(a) 电路连接　　　　　　　　　　　　　　(b) 电桥电路

**图 3.3　热丝式空气流量计电路原理**

$R_{\text{T}}$ —温度补偿电阻(进气温度传感器)；$R_{\text{H}}$ —发热元件(热丝或热膜)电阻；

$R_{\text{S}}$ —信号取样电阻；$R_1$、$R_2$ —精密电阻；$U_{\text{CC}}$ —电源电压；$U_{\text{s}}$ —信号电压；A—控制电路

## 2. 热膜式空气流量计

热膜式空气流量计的检测元件是铂金属膜，对应的内部解剖如图 3.4 所示，它的测量原理同前述热丝式。某种典型的热膜式空气流量传感器——HFM5 插入型传感器结构如图 3.5 所示。

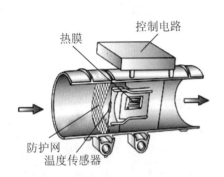

图 3.4 热膜式空气流量计内部解剖

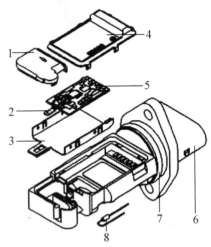

图 3.5 HFM5 插入型传感器结构

1—测量通道外套；2—传感元件；3—安装平面；
4—电路外套；5—混合评估电路；6—引出端；
7—O 形圈；8—温度补偿电路

例如，通用别克车采用热丝式空气流量计，如图 3.6 所示，由于在空气流量计内部装置了一个 A/D 转换器，所以它的输出信号是数字频率信号。

图 3.6 别克君威车空气流量计

通用别克君威汽车空气流量计电路如图 3.7 所示。

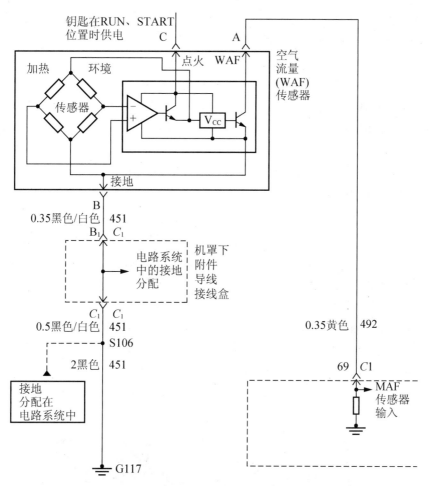

**图 3.7 别克君威汽车空气流量计电路**

用 TECH2 检测空气流量计所得数据见表 3-2。

**表 3-2 空气流量计检测数据**

| 空气流量计引脚 | 信号 | | |
| --- | --- | --- | --- |
| | 接通点火开关 | 怠速 | 2000r/min |
| A–B | 1.93g/s | 3.95g/s | 9.50g/s |

实际应用中，空气流量传感器对应的故障影响有发动机启动困难，性能失常，怠速不稳，加速时回火、放炮，油耗大，爆燃等。

另外，空气流量计信号不正确不一定是空气流量计本身的故障，空气滤清器堵塞、进气系统漏气、发动机配气机构故障、三元催化装置堵塞等都会造成空气流量计信号过低。

### 3.2.2 曲轴位置传感器

在发动机电子控制单元(ECU)控制喷油器喷油和火花塞跳火时，首先需要知道究竟是哪一个气缸的活塞即将到达排气冲程上止点和压缩冲程上止点，然后才能根据曲轴转角信号控制喷油提前角与点火提前角。而曲轴位置传感器 CKP 的作用正是采集发动机曲轴转速与转角信号并输入 ECU，以便计算确定并控制喷油提前角与点火提前角。

曲轴位置传感器又称为发动机转速与曲轴转角传感器，大众车也称为发动机转速传感器。它是发动机集中控制系统中主要的传感器之一，是确认曲轴转角位置和发动机转速不可或缺的信号源，ECU 用此信号控制燃油喷射量、喷油正时、点火时刻(点火提前角)、点火线圈充电闭合角、怠速转速和电动汽油泵的运行。

根据其检测和输入发动机微机控制装置的信号类型，曲轴位置传感器包括活塞上止点检出型及曲轴转角检出型两种。

根据信号形成的原理分类，曲轴位置传感器(CKP)又可分为电磁式、光电式和霍尔效应式(简称霍尔式)三大类。例如，日产公爵王轿车、三菱与猎豹吉普车采用光电式曲轴位置与凸轮轴位置传感器；丰田系列轿车通常采用磁感应式曲轴位置与凸轮轴位置传感器；大众车采用磁感应式曲轴位置传感器和霍尔式凸轮轴位置传感器；别克车有两个曲轴位置传感器，7X 传感器采用磁感应式，24X 传感器采用霍尔式；红旗 CA7220E 型轿车和切诺基吉普车采用霍尔式曲轴与凸轮轴位置传感器，且曲轴位置传感器为差动霍尔式传感器。

大众电磁式曲轴位置传感器外形如图 3.8 所示，信号转子为齿盘式，在其圆周上间隔均匀地制作有 58 个凸齿、57 个小齿缺和 1 个大齿缺。大齿缺输出基准信号，对应于发动机 1 缸或 4 缸压缩上止点前一定角度。大齿缺所占的弧度相当于 2 个凸齿和 3 个小齿缺所占弧度。

【参考图文】

图 3.8　大众电磁式曲轴位置传感器

美国 GM 公司的霍尔式曲轴位置传感器如图 3.9 所示。它安装在曲轴前端，采用触发叶片的结构型式，在发动机的曲轴皮带轮前端固装着内外两个带触发叶片的信号轮，与曲轴一起旋转。

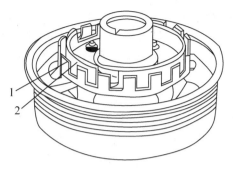

图 3.9　霍尔式曲轴位置传感器(GM 公司)

1—外信号轮；2—内信号轮

凸轮轴位置传感器又称为气缸识别传感器，它用来检测凸轮轴的转角位置，ECU 用此信号确定发动机的缸序，用以控制喷油顺序、点火顺序，同时确定活塞处于压缩(或排气)冲程上止点的位置。

光电式凸轮轴/曲轴位置传感器结构如图 3.10 所示，它的基本原理为利用发光二极管作为信号源，随着转子转动，当透光孔与发光二极管对正时，光线照射到光敏二极管上产生电压信号，经放大电路放大后输送给 ECU。

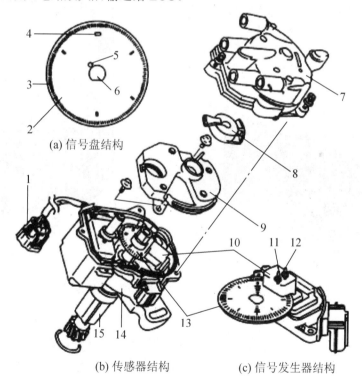

(a) 信号盘结构

(b) 传感器结构　　　(c) 信号发生器结构

图 3.10　光电式凸轮轴/曲轴位置传感器结构

1—线束插头；2—上止点信号透光孔；3—曲轴转角信号透光孔；4—1 缸上止信号透光孔；5—定位销；
6、15—传感器轴；7—传感器盖；8—分火头；9—防火盖；10—信号发生器；11—G 信号(上止信号点)
传感器；12—Ne 信号(转速与转角信号)传感器；13—信号盘；14—传感器壳体

另外，根据其安装部位可分为在曲轴前端、凸轮轴前端、飞轮上和分电器内的传感器。

如果曲轴位置传感器出现故障，就会出现发动机不能启动，加速不良，怠速不稳，间歇性熄火等现象响。如果凸轮轴位置传感器出现故障，将会出现功率降低等现象。

### 3.2.3 进气歧管压力传感器

进气歧管压力传感器的主要功能是依据发动机的负荷状态测出进气歧管内绝对压力的变化，并转换成电压信号与发动机转速信号一起输送至 ECU，推算出吸入发动机的空气量，这是决定喷油器基本喷油量和点火时刻的依据。如果传感器出现故障，往往会出现启动困难、性能失常、加速性变差、怠速不稳、油耗大等现象。

有的别克车上装有空气流量计来检测进气量，同时安装进气歧管压力传感器用于确定当 EGR 流量测试诊断运行时的歧管压力变化，为某些诊断确定发动机真空度，并确定大气压力(气压计)；有的 ECU 将实际测量值与废气涡轮增压压力图上的设定值进行比较。若实际值偏离设定值，ECU 通过电磁阀调整废气涡轮增压压力，实现废气涡轮增压压力控制。

进气压力传感器种类很多，就其信号产生原因可分为半导体压敏电阻式进气歧管压力传感器、电容式进气歧管压力传感器等，其中前者在发动机电子控制系统中应用较为广泛。

压敏电阻式进气歧管压力传感器外形和结构分别如图 3.11 和图 3.12 所示，它由压力转换元件和把转换元件输出信号进行放大的混合集成电路等构成。

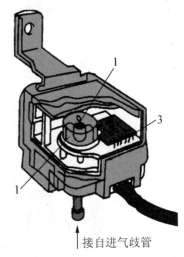

图 3.11　压敏电阻式进气歧管压力传感器外形　　图 3.12　压敏电阻式进气歧管压力传感器结构

1—绝对真空室；2—硅片；3—IC 放大电路

如图 3.12 所示，这个很薄的硅片是压力传感器的主要元件，通常经过特殊工艺加工的硅片四周有 4 个应变电阻，以惠斯通电桥方式连接，如图 3.13 所示。电桥由稳压电源供电，在硅片无变形时电桥处于平衡状态，当进气管压力增加时，硅片弯曲，其应变与压力成正比，同时应变电阻的阻值随应变成正比的变化，这样就利用惠斯通电桥将硅片的变形量变成了电信号。后半部分连接混合集成电路进行放大，主要是考虑到前半部分输出的电信号很微弱。

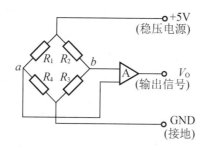

**图 3.13　压敏电阻式进气歧管压力传感器工作原理**

基于这种压力传感器结构和测量原理的要求，通常将其安装在振动较小的车身处，用一根橡胶管与进气总管连接作为取气管。压力传感器的输出信号电压输送至 ECU 中进行控制。

### 3.2.4　温度传感器

温度是反映发动机热负荷状态的重要参数，为了保证控制系统能够精确控制发动机的工作参数，必须随时监测发动机各种温度，以便修正控制参数，计算吸入气缸空气的流量以及进行排气净化处理。根据温度传感器的检测对象，可以分为发动机冷却液温度传感器、进气温度传感器和排气温度传感器三种。

发动机冷却液温度传感器通常称为水温传感器，它的外形和结构如图 3.14 所示，用来检测发动机冷却液的温度，并将温度信号转变成电信号输送至 ECU，作为汽油喷射、点火正时、怠速和尾气排放控制的主要修正信号。一般安装在气缸体水道上或冷却水出口处，其工作原理与进气温度传感器相同。

（a）外形　　　　　　　　　　　　（b）内部结构

**图 3.14　发动机冷却液温度传感器的外形和结构**

进气温度传感器(IAT)用来检测进气温度，并将进气温度信号转变成电信号输送至 ECU，作为汽油喷射、点火正时的修正信号，它的外形如图 3.15 所示。另外，通常 D 型安装在空气滤清器或进气管内，L 型安装在进气管或空气流量计内。

**图 3.15　进气温度传感器外形**

排气温度传感器用来检测再循环废气的温度，用以反映废气再循环的流量。

温度传感故障影响：在很低的温度下冷启动困难，在暖车阶段行驶特性不良，燃油消耗增加，废气排放增加。为此需要考虑温度传感器的检修，通常有就车检测和车下检测两种。

就车检测：点火开关置于 OFF，拔下传感器上的电插，打开点火开关，用数字式高阻抗万用表检测传感器电插两端子间的电压值，应为 5V 左右。

车下检测：从发动机上拆下传感器，将其置于烧杯内的水中，加热杯中的水，同时用万用表Ω挡测量在不同水温条件下，传感器两端子间的电阻值。将测得的值与标准值相比较，具体见表 3-3。若不符合标准，则应更换水温传感器。

表 3-3　冷却液温度值与电阻间的关系表

| 冷却液温度/℃ | 电阻/kΩ |
| --- | --- |
| 80 | 0.2～0.4 |
| 60 | 0.4～0.7 |
| 40 | 0.9～1.3 |
| 20 | 2.0～3.0 |
| 0 | 4.7～7.0 |

### 3.2.5　节气门位置传感器

节气门位置传感器安装在节气门体旁，与节气门轴联动，如图 3.16 所示。通常它在装备电子控制自动变速器的汽车上，与车速信号一同控制换挡时机和变矩器锁止，而在无空气流量计信号时，与发动机转速信号一起计算进气量。

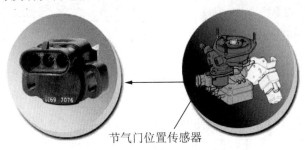

节气门位置传感器

图 3.16　节气门位置传感器的安装位置

节气门位置传感器的作用是检测节气门的开度和开关的速率，并把该信号转变为电压信号送给发动机的控制电脑，作为控制喷油脉冲宽度、点火正时、怠速转速、尾气排放的主要修正信号，同时也是空气流量传感器或进气歧管压力传感器的辅助信号。

节气门位置传感器可以分为线性信号输出型、开关量信号输出型、组合型等。

可变电阻式节气门位置传感器属于线性信号输出型，结构如图 3.17 所示，它利用触点在电阻体上的滑动来改变电阻值，测得节气门开度的线形输出电压，从而可知节气门开度。全关时电压信号应约为 0.5V，随节气门增大，信号电压增强，全开时约为 4.5V。

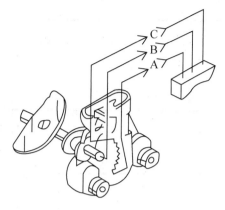

**图 3.17　可变电阻式节气门位置传感器结构**

触点式节气门位置传感器如图 3.18 所示，它属于开关量信号输出型，它由滑动触点和两个固定触点(功率触点和怠速触点)组成。

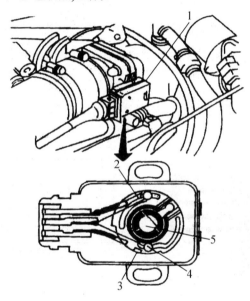

**图 3.18　触点式节气门位置传感器结构**

1—节气门位置传感器；2—怠速触点(IDL)；3—全开触点(PSW)；4—滑动触点(E1)；5—节气门轴

节气门全关闭时，滑动触点与怠速触点接触，当节气门开度达 50°以上时，滑动触点与怠速触点接触，检测节气门大开度状态，具体关系见表 3-4。

**表 3-4　触点式节气门位置传感器触点的关系**

| 限位螺钉与限位杆之间的间隙 | 端　子 | | |
|---|---|---|---|
| | IDL—$E_1$ | PSW—$E_1$ | IDL—PSW |
| 0.5mm | 导　通 | 不导通 | 不导通 |

| 限位螺钉与限位杆之间的间隙 | 端　子 | | |
| --- | --- | --- | --- |
| | IDL—$E_1$ | PSW—$E_1$ | IDL—PSW |
| 0.9mm | 不导通 | 不导通 | 不导通 |
| 节气门全开 | 不导通 | 导　通 | 不导通 |

怠速触点(IDL)和全开触点(PSW)闭合、断开示意图如图 3.19 所示。

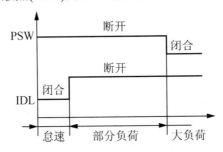

**图 3.19　怠速触点(IDL)和全开触点(PSW)闭合、断开示意图**

组合型节气门位置传感器(TPS)由一个电位计和一个怠速触点组成,结构原理如图 3.20 所示,具体工作原理和前两种相同,这里不作展开。检测中各端子接触对应电压关系见表 3-5。

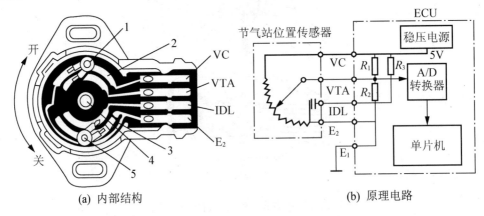

(a) 内部结构　　　　　　　　(b) 原理电路

**图 3.20　组合式节气门位置传感器(TPS)的结构和原理**

1—可变电阻滑动触点;2—电源电压(5V);3—绝缘部件;4—节气门轴;5—怠速触点

**表 3-5　各端子接触对应的电压关系**

| 端子 | 条件 | 标准电压/V |
| --- | --- | --- |
| IDL—$E_2$ | 节气门全关 | 4.0～5.5 |
| VC—$E_2$ | 无 | 4.0～5.5 |
| VTA—$E_2$ | 节气门全闭 | 0.3～0.8 |
| | 节气门全开 | 3.2～4.9 |

桑塔纳 2000GLi 型轿车采用的是有触点式和可变电阻式两种,夏利 2000 型、捷达 AT、GTX 型、桑塔纳 2000GSi 型、红旗 CA7220E 型轿车和切诺基吉普车采用的是可变电阻式。

如果节气门位置传感器发生故障,则有可能出现发动机启动困难、怠速不稳、发动机性能不良、易熄火、减速时负载变化时会有颠簸等现象。

### 3.2.6　氧传感器

根据所采用的材料和检测原理,氧传感器可以分为氧化锆式氧传感器(加热型和非加热型两种)、氧化钛式氧传感器(一般均为非加热型)。

氧传感器用来检测排气管中氧气的浓度,并将氧气浓度信号转变成电子信号输送至发动机电子控制单元(ECU)作为判定混合气浓度并对混合气浓度进行修正的重要参考信号。

换句话说,氧传感器实际上是用来探测空燃比是比理论空燃比浓,还是比理论空燃比稀,以获得上次喷油时间是过长还是过短,并将该信息变成电信号输送至 ECU,用来对喷油时间进行修正,以使混合气的空燃比保持在理论值附近的一个狭小范围内。

加热型氧传感器(LSH)特点如下:在较低的排气温度下(如怠速)仍能保持工作;从而有效地实现闭环控制;更加灵活的安装位置;更快地进入工作状态;更灵敏的动态响应能力;更强的抗污染能力;更长的使用寿命,≥160 000km。

氧化锆式氧传感器(图 3.21)的工作原理如下:氧传感器产生的信号电压在过量空气系数 $\lambda=1$ 时产生突变。当 $\lambda>1$(混合气稀)时,氧传感器输出信号电压几乎为零(小于 100 mV);当 $\lambda<1$(混合气浓)时,氧传感器输出信号电压接近 1V(800~1000mV),如图 3.22 所示。

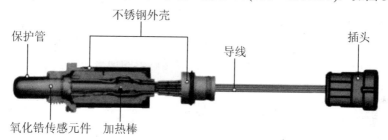

图 3.21　氧化锆式氧传感器的结构

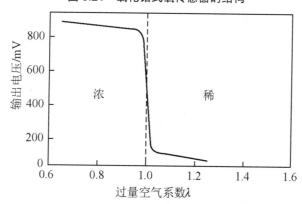

图 3.22　氧传感器的输出特性(600℃时)

氧传感器产生的电信号输送至 ECU 后，在 ECU 输入电路中，氧传感器信号电压与基准电压(一般为 450 mV)进行比较(图 3.23)。当信号电压比基准电压高时，判定为混合气过浓；当信号电压比基准电压低时，判定为混合气过稀。ECU 借此可修正喷油时间，以使空燃比保持在理论值附近的一个狭小范围内。

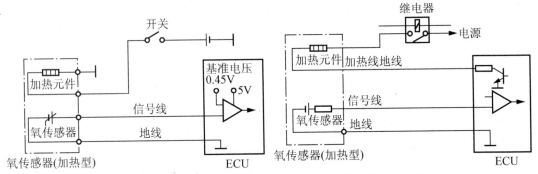

(a) 在北京切诺基 2012 汽车发动机上　　(b) 在丰田汽车发动机上

**图 3.23　氧传感器(带加热元件)与 ECU 的连接电路**

氧化锆式氧传感器必须满足发动机温度高于 60℃，氧传感器自身温度高于 300℃，发动机工作在怠速工况和部分负荷工况三个条件，才能正常调节混合气浓度。

氧化钛式氧传感器的优点是结构简单，造价便宜，耐腐蚀、抗污染能力强，经久耐用，可靠性高。二氧化钛($TiO_2$)属于 N 型半导体材料，其阻值大小取决于材料温度以及周围环境中氧离子的浓度，因此可以用来检测排气中的氧离子浓度。

氧化钛式氧传感器的工作原理如下：由于二氧化钛半导体材料的电阻具有随排气中氧离子浓度的变化而变化的特性，因此氧化钛式氧传感器的信号源相当于一个可变电阻。对应的输出特性曲线如图 3.24 所示。

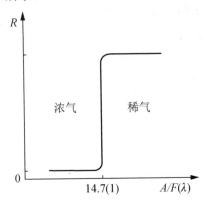

**图 3.24　氧化钛式氧传感器输出特性曲线**

当发动机的可燃混合气浓度较大(空燃比小于 14.7)时，排气中氧离子含量较少，氧化钛管外表面氧离子很少或没有氧离子，二氧化钛呈现低阻状态；当发动机混合气浓度较小(空燃比大于 14.7)时，排气中氧离子含量较多，氧化钛管外表面的氧离子浓度较大，二氧化钛呈现高阻状态。由此可见氧化钛式氧传感器的电阻将在混合气空燃比 $A/F$ 约为 14.7(过量空气系数约为 1)时产生突变。

工作电路举例:

桑塔纳 2000GLi 型轿车氧传感器工作电路如图 3.25 所示,氧传感器负极信号线与 ECU 插座 28 端子连接,ECU 内部连接一只电阻;传感器正极信号线与 ECU 插座 10 端子连接,ECU 内部提供一个恒压源。当点火开关接通时,汽车电源(12～14V)经熔断器向传感器加热元件提供电压,热敏电阻通电产生热量对二氧化钛进行加热,使其迅速达到工作温度。

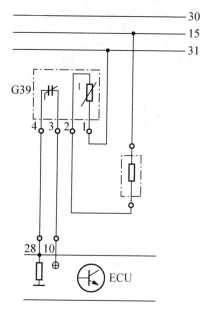

**图 3.25　氧化钛式 EGO 原理电路**

与此同时,计算机 ECU 中的恒压源向氧传感器供给一个恒定电压。当混合气浓度偏大时,氧传感器电阻小,经氧传感器与 ECU 内部电阻分压后,ECU 将接收到一个高电平(约 0.9V);当混合气浓度偏小时,氧传感器电阻大,经氧传感器与 ECU 内部电阻分压后,ECU 将接收到一个低电平(约 0.1V)。当氧传感器工作正常时,输出电压在高电平(0.9V)与低电平(0.1V)之间变动的频率为每分钟至少 10 次。

氧传感器的主要故障影响为发动机性能不良,λ 调节处于固定不变,怠速不稳,排放值不正常,油耗加大,火花塞积炭。

### 3.2.7　爆燃传感器

在发动机电子控制系统中,当点火时刻采用闭环控制时,能有效地抑制发动机产生爆燃。爆燃传感器是点火时刻闭环控制必不可少的重要部件,它用来检测发动机的燃烧过程中是否发生爆燃,并把爆燃信号输送给发动机控制计算机作为修正点火提前角的重要参考信号。

爆燃传感器作为点火正时控制的反馈元件用来检测发动机的爆燃强度,借以实现点火正时的闭环控制,从而有效地抑制发动机爆燃的发生。

爆燃传感器安装在发动机的机体上，安装如图 3.26 所示。

【参考图文】

图 3.26　爆燃传感器安装

根据行驶汽车发动机的检测条件及对测量精度的要求，汽车上普遍采用测发动机缸体振动的方法检测燃爆。用于检测发动机爆燃的爆燃传感器主要有磁致伸缩式爆燃传感器、非共振型压电式爆燃传感器、共振型压电式爆燃传感器。

磁致伸缩式爆燃传感器如图 3.27 所示，它的输出电压信号的大小与发动机振动的频率有关，当传感器固有振动频率与设定爆燃强度时发动机的振动频率产生谐振时，传感器将输出最大电压信号。磁致伸缩式爆燃传感器的输出特性如图 3.28 所示。

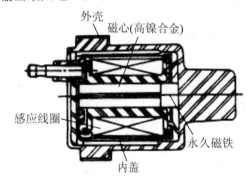

图 3.27　磁致伸缩式爆燃传感器结构

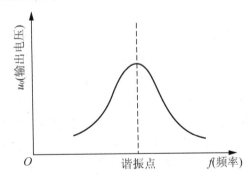

图 3.28　磁致伸缩式爆燃传感器的输出特性

通用和日产汽车采用的是磁致伸缩式爆燃传感器。

压电式爆燃传感器是利用压电晶体的压电效应制成的爆燃传感器。该类型传感器把爆燃传到缸体上的机械振动转变成电信号，电子控制单元(ECU)根据此信号判别发动机爆燃是否发生。

压电式爆燃传感器有共振型和非共振型两种，两者的结构基本相同，只是共振型压电式爆燃传感器在壳体内设有一个共振体。非共振型压电式爆燃传感器外形及结构如图 3.29 所示。

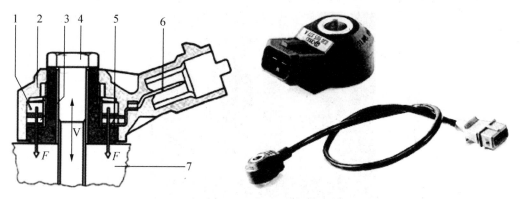

**图 3.29　非共振型压电式爆燃传感器**

1—受压缩力作用的振动质量；2—外壳；3—压电陶瓷；4—螺钉；
5—接触；6—电路连接；7—机械座；8—振动

目前大多数汽车采用了压电式爆燃传感器，其结构大同小异。

爆燃传感器的检测方法有爆燃传感器电阻的检测、爆燃传感器输出信号的检测和爆燃传感器的示波器检测三种。

爆燃传感器电阻的检测：将点火开关置于"OFF"，拔下爆燃传感器上的电插，用万用表 $\Omega$ 挡检测爆燃传感器的接线端子与外壳间的电阻，应为 $\infty$(不导通)；否则须更换爆燃传感器。

爆燃传感器输出信号的检查：拔下爆燃传感器上的电插销，在发动机怠速时用万用表电压挡检查爆燃传感器的接线端子与搭铁间的电压，应有脉冲电压输出；否则，应更换爆燃传感器。

爆燃传感器的示波器检测：当发动机产生敲缸、振动、爆燃时，爆燃传感器输出波形的峰值电压和频率将会突然增加，出现爆燃波形。

安装爆燃传感器时必须保证按规定力矩拧紧：如果安装力矩太大，可能造成传感器破裂或传感器反应过于灵敏(点火延迟)；力矩太小，则爆燃反应不灵敏，标准拧紧力矩为 20N·m。严重的撞击可能导致爆燃传感器损坏，因此不要采用发生跌落过的爆燃传感器。

爆燃传感器的故障影响有爆燃、点火正时失准、高油耗、功率降低、发动机工作粗暴。

## 3.2.8　车速传感器

车速传感器用来测量汽车的行驶速度，车速传感器信号主要用于发动机怠速和汽车加、减速期间的空燃比控制。发动机电子控制单元(ECU)利用该信号来控制发动机怠速转速及汽车加、减速期间的汽油喷射量和点火正时。

车速传感器的功能是将汽车行驶速度转换为电信号输入燃油喷射控制、防抱死制动控制、自动变速控制以及巡航控制等电控单元，以便完成相应的控制功能。

雪铁龙富康的车速传感器外形如图 3.30 所示。

图 3.30　车速传感器的外形

按产生信号的原理不同，车速传感器有霍尔效应式、舌簧开关式、磁感应式和光电耦合式等多种类型。其中磁感应式、霍尔效应式、光电耦合式车速传感器其组成及工作原理与同类型的发动机转速/曲轴位置传感器相同，但车速传感器转动轴由变速器输出轴通过齿轮驱动或直接用变速器输出轴上的某一齿轮信号触发。

霍尔效应式车速传感器某一应用接法如图 3.31 所示。

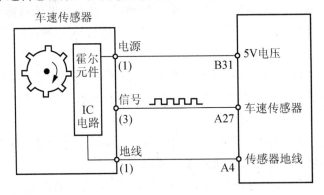

图 3.31　霍尔效应式车速(里程)传感器工作原理

实际工作时具体情况为如下。

1) 减速工况

车速传感器产生的信号与节气门位置传感器产生的信号相配合，从而使 ECU 可以确定减速工况。在减速工况时 ECU 将控制怠速步进电动机、调节发动机转速，防止怠速不稳；同时在减速工况时适时减小喷油脉宽或停止喷油。

2) 超速

根据车速传感器信号，ECU 认为车速超过预设的车速时，将停止喷油器喷油。

3) 车速和里程

ECU 根据车速传感器信号一方面向车速表、里程表提供信息；同时向 EEPROM 存储器存储信息，每出现 8000 个脉冲，认为汽车行驶 1.6km。有的车型中，ECU 还能根据行驶里程，接通维护保养灯。

# 3.3 汽车车身控制传感器

汽车车身控制传感器通常有温度传感器、车速传感器、加速度传感器、压力传感器、碰撞传感器和车身系统用其他传感器等。

这里的"车身系统用其他传感器"通常指的是雨滴传感器、电动座椅用传感器、记忆式后视镜用传感器、超声波距离传感器、红外线传感器、地磁传感器、陀螺仪、湿度传感器、日照强度传感器和光敏式光亮传感器等。

下面就几个典型传感器及其安装位置等作概要的介绍。

汽车空调自动控制系统中传感器的安装位置如图 3.32 所示。

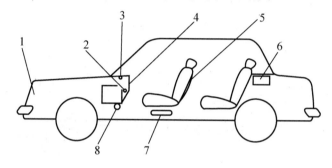

图 3.32　汽车空调自动控制系统中传感器的安装位置

1—车外空气温度传感器；2—车内空气温度传感器(前)；3—日照强度传感器；4—控制板；5—后控制板；
6—车内空气温度传感器(后)；7—计算机；8—功率伺服机构

车外空气温度传感器的结构与特性如图 3.33 所示。出口温度传感器在蒸发器上的安装位置如图 3.34 所示。

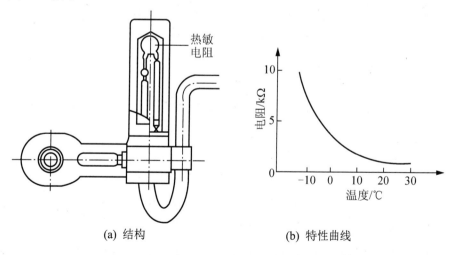

(a) 结构　　　　　　　　　(b) 特性曲线

图 3.33　车外空气温度传感器的结构与特性

出口温度传感器

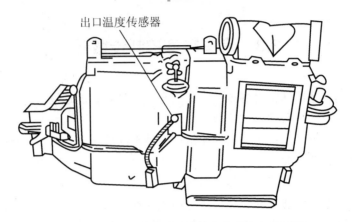

图 3.34　出口温度传感器在蒸发器上的安装位置

汽车中雨滴传感器构成如图 3.35 所示，其中的压电元件结构如图 3.36 所示。

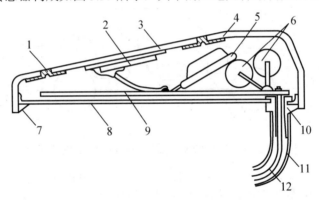

图 3.35　雨滴检测传感器的构成

1—阻尼橡胶；2—压电元件；3—不锈钢振动板；4—上盖(不锈钢)；5—混合集成电路；
6—电容器；7—密封条；8—下盖；9—电路板；10—密封套；11—套管；12—线束

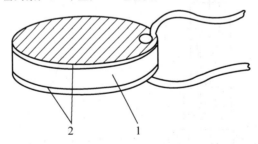

图 3.36　压电元件的结构

1—陶瓷(钛酸钡)；2—电极(金属蒸发)

问题思考：

1. 某间歇式风窗刮水器系统的构成如图 3.37 所示。试查阅相关文献资料说明传感器的工作原理和整个系统的工作机理。

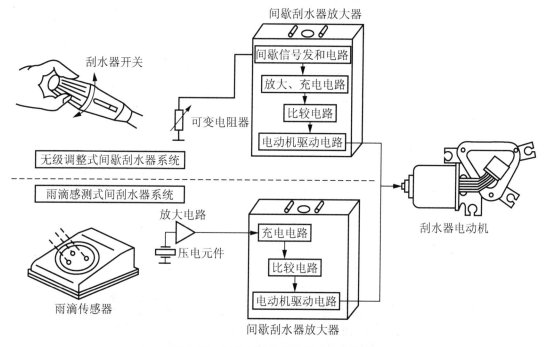

图 3.37  间歇式风窗刮水器系统的构成

2. 某微机控制动力座椅用传感器及控制电路分别如图 3.38 和图 3.39 所示，试查阅相关文献资料说明传感器的工作原理和整个应用电路的工作过程。

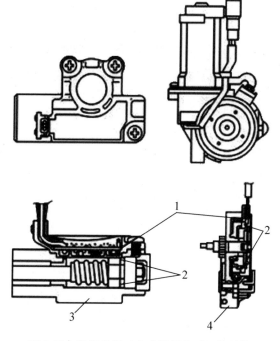

**图 3.38  微机控制动力座椅用传感器的结构**
1—霍尔元件；2—永久磁铁；3—座位导轨、前与后垂直传感器；4—靠背位置传感器

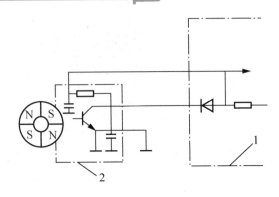

**图 3.39　座椅用传感器控制电路**

1—位置控制用微机电路；2—座椅用传感器电路

3．记忆式后视镜用传感器如图 3.40 所示，试查阅相关资料说明它的工作机理。

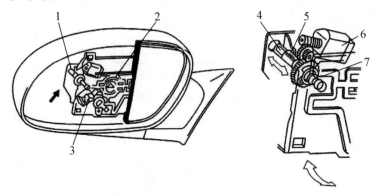

**图 3.40　记忆式后视镜用传感器的结构**

1—左右方向位置传感器；2—后视镜支架；3—上下方向位置传感器；4—永久磁铁；

5—霍尔元件；6—电动机(左右调整用)；7—驱动轴螺钉

# 第4章

# 超声波传感器及其应用

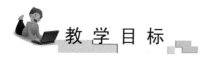

## 教 学 目 标

本部分内容主要包括"声波的分类"、"超声波探头及其基本工作原理"和"超声波传感器项目化应用"和"超声波传感器的其他应用"四大模块。

通过本章的学习，了解次声波、声波和超声波的基本常识，理解声音传感器的种类和基本工作原理，熟悉超声波的特点；熟悉超声波探头的种类，掌握超声波探头的基本工作原理，包括压电效应和磁致伸缩效应；理解超声波的发送和接收过程，掌握典型超声波测距模块的工作机理；熟悉超声波传感器在现实生活中的广泛应用。

## 教 学 要 求

| 知识要点 | 能力要求 | 相关知识 |
|---|---|---|
| 声波的分类 | (1) 了解次声波、声波和超声波的特点<br>(2) 理解声音传感器的基本工作原理 | 声波、声音传感器 |
| 超声波探头 | (1) 熟悉超声波探头的种类<br>(2) 掌握压电效应、磁致伸缩效应 | 超声波探头 |
| 超声波传感器项目化应用 | (1) 掌握超声波传感器的基本工作原理<br>(2) 理解超声波的发送和接收<br>(3) 掌握应用电路的工作机理、测量原理 | 超声波测距模块设计与制作 |
| 超声波传感器的其他应用 | 熟悉超声波传感器的应用机理 | 各种超声波传感器应用 |

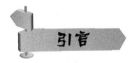

【精讲微课】

　　本章在学习超声波的物理特性和超声波探头基本工作原理的基础上，以"超声波测距模块的设计"为具体项目，通过设计、制作和调试过程来加深对超声波测距的理解和相关应用的拓展。概要地列举了现实生活中各类超声波传感器的应用场合和工作机理，这部分内容在教学过程中主要是以"研究性学习"和话题讨论的方式来进行的。"超声波测距模块的设计"项目与实训中"超声波测距仪的设计与制作"是结合在一起的，通过动手实践来进一步巩固所学的知识点。

# 4.1　声波的分类

　　声波是一种机械波，可以分为次声波(频率低于 20Hz)、可闻声波(频率为 20Hz～20kHz)和超声波(频率高于 20kHz)，声波频率界限如图 4.1 所示。

【精讲微课】

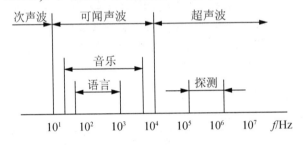

图 4.1　声波频率界限

## 1.　次声波

　　次声波是频率低于 20Hz 的声波，人耳听不到，但某些频率的次声波由于和人体器官的振动频率相近，容易和人体器官产生共振，对人体有很强的伤害性，危险时可致人死亡。次声波会干扰人的神经系统，危害人体健康，7～8Hz 的次声波会引起人的恐怖感，动作不协调，甚至导致心脏停止跳动；一定强度的次声波，能使人头晕、恶心、呕吐、丧失平衡感甚至精神沮丧。有人认为，晕车、晕船就是车、船在运行时伴生的次声波引起的；住在十几层高的楼房里的人，遇到大风天气，往往感到头晕、恶心，也是因为大风使高楼摇晃产生次声波的缘故；更强的次声波还能使人耳聋、昏迷、精神失常甚至死亡。

　　在自然界中，海上风暴、火山爆发、大陨石落地、海啸、电闪雷鸣、波浪击岸、水中漩涡、空中湍流、龙卷风、磁暴、极光等都可能伴有次声波的产生；在人类活动中，诸如核爆炸、导弹飞行、火炮发射、轮船航行、汽车奔驰、高楼和大桥摇晃，甚至像鼓风机、搅拌机、扩音器等在发声的同时也都能产生次声波。次声波不容易衰减，不易被水和空气吸收。且次声波的波长往往很长，因此能绕开某些大型障碍物发生衍射，某些次声波能绕地球 2～3 周。

从 20 世纪 50 年代起，核武器的发展对次声波学的建立具有很大的推动作用，使得对次声接收、抗干扰方法、定位技术、信号处理和传播等方面的研究都有了很大的发展，次声波的应用也逐渐受到人们的注意。次声波的应用前景十分广阔，大致有以下几个方面：预测自然灾害性事件，如台风和海浪摩擦产生的次声波，由于它的传播速度远快于台风移动速度，因此人们利用一种叫"水母耳"的仪器，监测风暴发出的次声波即可在风暴到来之前发出警报，利用类似方法还可预报火山爆发、雷暴等自然灾害；通过测定自然或人工产生的次声波在大气中传播的特性，可探测某些大规模气象过程的性质和规律(如沙尘暴、龙卷风及大气中电磁波的扰动等)；通过测定人和其他生物的某些器官发出的微弱次声波的特性，可以了解人体或其他生物相应器官的活动情况(如人们研制出的"次声波诊疗仪"可以检查人体器官工作是否正常)；次声波在军事上的应用，利用次声波的强穿透性制造出能穿透坦克、装甲车的武器——次声波武器，一般只伤害人员，不会造成环境污染。

2．可闻声波

可闻声波，也就是人耳可以听见的声波，是指频率范围为 20Hz～20kHz 的声波，如美妙的音乐、动听的话语等，我们平时所指的"声音"就是指可闻声波。

声音传感器是指把外界声音信号转化为电信号的传感器，这里的外界声音通常指的是可闻声波，通常也将声音传感器看成一种能将声波的振动转换为电压或电流输出的声电转换元件。常用的声音传感器有驻极体传声器、压电陶瓷片等。

驻极体传声器的基本工作原理如下：采用驻极体材料作为声电转换元件的传感器，组成驻极体传声器关键元件的驻极体振动膜是由一些高电介质的塑料薄膜制成的。塑料薄膜经过电场处理后能够在其表面带上电荷，并能长期保存的材料，称为驻极体。当驻极体膜片遇到声波振动时，引起电容两端的电场发生变化，从而产生了随声波变化而变化的交变电压。驻极体传声器广泛应用于盒式录音机、无线传声器及声控电路等场合。

压电陶瓷片又称压电蜂鸣器，其工作原理如下：一方面，当电压作用于压电陶瓷时，压电片就会随电压和频率的变化产生机械变形；另一方面，当振动作用于压电陶瓷片时，则会产生一个电荷，这种现象就叫"压电效应"。压电陶瓷片是根据某些材料的压电效应制成的，它既可作为声电装换元件，也可作为电声转换元件。利用压电陶瓷片的压电效应，可以制成压电陶瓷扬声器以及各种蜂鸣器。

声音传感器在现实生活中有诸多应用，如声音控制节电开关电路、声控防盗报警器、车胎漏气检测仪、声控自动门和各类声控玩具等，具体电路和实现方法等将在讨论课中展开，应用设计项目相关内容详见第 5 章中的"项目一　声光控延时开关电路的设计"。

3．超声波

超声波是指听觉阈值以外的机械振动，其频率高于 20kHz。超声波在介质中可产生三种形式的振荡：横波、纵波和表面波。其中横波只能在固体中传播，纵波能在固体、液体和气体中传播，表面波随深度的增加其衰减很快。超声波测距中采用纵波，使用超声波的频率为 40kHz，其在空气中的传播速度近似为 340m/s。

当超声波传播到两种不同介质的分界面上时，一部分声波被反射，另一部分透射过界面。但若超声波垂直入射界面或者以一个很小的角度入射时，入射波完全被反射，几乎没有透射过界面的折射波。超声波在工业、国防、医学、家电等领域有着广泛的应用。

现实生活中，蝙蝠能发出和听见超声波，如图 4.2 所示是蝙蝠依靠超声波捕食过程示意图，军事应用中的各种雷达等都是基于这种原理的，另外海豚、老鼠、蟋蟀等也能发出超声波。

【参考图文】

图 4.2    蝙蝠依靠超声波捕食过程示意图

超声波与可闻声波不同，它可以被聚焦，具有能量集中的特点。在现实生活中有诸多应用，如超声波加湿器、超声波雾化器、超声波塑料焊接机、超声波探鱼器、超声波清洗器和 B 超等。

# 4.2    超声波探头及其基本工作原理

## 4.2.1    超声波探头

超声波探头按工作原理可分为压电式、磁致伸缩式、电磁式等数种，在检测应用中常用的是压电式的。

超声波探头又分为直探头、斜探头、双探头、表面波探头、聚焦探头、冲水探头、水浸探头、高温探头、空气传导探头以及其他专用探头等。

各种超声波探头分别如图 4.3～图 4.6 所示，它们的常用频率范围为 0.5～10MHz，常见晶片直径为 5～30mm。

【参考图文】

图 4.3    接触式直探头(纵波垂直入射到被检介质)　图 4.4    接触式斜探头(横波、瑞利波或兰姆波探头)

图 4.5    各种接触式斜探头(常用频率
范围为 1～5MHz)

图 4.6    接触法双晶直探头(含发射晶片和
接收晶片)

双晶探头将两个单晶探头组合装配在同一壳体内，其中一片发射超声波，另一片接收超声波。两晶片之间用一片吸声性能强、绝缘性能好的薄片加以隔离。

双晶探头的结构虽然复杂些，但检测精度比单晶直探头高，且超声信号的反射和接收的控制电路较单晶直探头简单。

各种双晶直探头如图 4.7 所示，它的焦距范围为 5～40mm，频率范围为 2.5～5MHz，钢中折射角 45°～70°。另外常见的还有接触法双晶斜探头，如图 4.8 所示。

水浸探头如图 4.9 所示，可用自来水作为耦合剂，选择声透镜形状，可决定聚焦形式为点聚焦或线聚焦。

【参考图文】

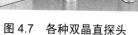

图 4.7　各种双晶直探头

图 4.8　接触法双晶斜探头

图 4.9　水浸探头

由于超声波的波长很短(毫米数量级)，所以它也类似于光波，可以被聚焦成十分细的声束，其直径可小到 1mm 左右，可以分辨试件中细小的缺陷，这种探头称为聚焦探头。

聚焦探头采用曲面晶片来发出聚焦的超声波，可以采用两种不同声速的塑料制作声透镜来聚焦超声波，也可以利用类似光学反射镜的原理制作声凹面镜来聚焦超声波。聚焦探头原理及外形如图 4.10 所示，其中左下角的 F 表示水中聚焦线和凹圆柱面透镜间的距离。

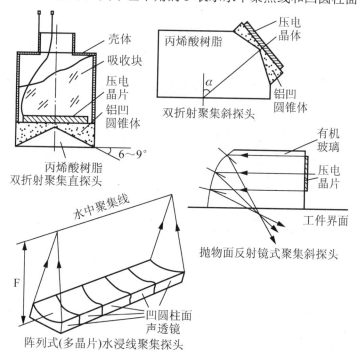

图 4.10　聚焦探头原理

【参考视频】

【参考图文】

### 4.2.2 超声波传感器基本工作原理

超声波传感器的最重要效应是压电效应和磁致伸缩效应，实际上超声波传感器工作的过程就是超声波如何接收和发送的过程。

#### 1. 压电效应

超声波探头中压电陶瓷片形状如图 4.11 所示。

**图 4.11 压电陶瓷片形状**

这类超声波传感器是利用"压电效应"的原理，压电效应可以分为逆效应和顺效应。超声波传感器是可逆元件，超声波发送器就是利用压电逆效应原理，即在压电元件上施加电压，原件就变形，称为应变。超声波接收器是利用压电顺效应原理，即在压电元件的特定方向上施加压力，元件就发生应变，产生一面为正极、一面为负极的电压。

通常将数百伏的超声电脉冲加到压电晶片上，利用逆压电效应，使晶片发射出持续时间很短的超声波。当超声波经被测物反射回到压电晶片时，利用压电效应，将机械振动波转换成同频率的交变电荷和电压。

超声波探头与被测物体接触时，探头与被测物体表面间存在一层空气薄层，它将引起三个界面间强烈的杂乱反射波，造成干扰，并造成很大的衰减，为此必须将接触面之间的空气排挤掉，使超声波能顺利地入射到被测介质中。

在工业中，经常使用一种称为耦合剂的液体物质，使之充满在接触层中，起到传递超声波的作用。常用的耦合剂有自来水、机油、甘油、水玻璃、胶水、化学浆糊等。

从应用场合来看，最常见的是空气超声波探头，其内部结构如图 4.12 所示。

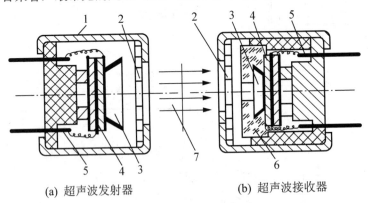

(a) 超声波发射器　　　　　(b) 超声波接收器

**图 4.12 空气超声波探头内部结构**

1—外壳；2—金属丝网罩；3—锥形共振盘；4—压电晶片；5—引脚；6—阻抗匹配器；7—超声波束

空气超声波探头外形如图 4.13 所示。

**【参考图文】**

图 4.13　空气超声波探头外形

2.　磁致伸缩效应

所谓磁致伸缩效应，是指铁磁体在被外磁场磁化时，其体积和长度将发生变化的现象。磁致伸缩效应引起的体积和长度变化虽是微小的，但其长度的变化比体积变化大得多，是人们研究应用的主要对象，又称为线磁致伸缩，线磁致伸缩的变化量级为 $10^{-5} \sim 10^{-6}$，它是焦耳在 1842 年发现的，其逆效应是压磁效应。磁致伸缩有加大磁场后伸长或缩短两种，与磁场方向无关，只与磁场强度有关，所以改变电流方向，即改变磁场方向，不会使伸长变为缩短(或反之)。

应用磁致伸缩效应可以制成超声波传感器，与压电陶瓷片一样，磁致伸缩振子可以进行超声波的发送和接收。另外，磁致伸缩效应还可用来设计制作应力传感器和转矩传感器等。

# 4.3　超声波传感器项目化应用

## 超声波测距模块的设计

当超声波发射器与接收器分别置于被测物两侧时，这种类型称为透射型，透射型可用于遥控器、防盗报警器、接近开关；超声发射器与接收器置于同侧的属于反射型，反射型可用于接近开关、测距、测液位或物位、金属探伤以及测厚等。

下面以超声波传感器应用设计项目的形式，来进一步深入学习相关知识点。

**【教学目标】**

知识目标：学习超声波传感器的基本工作原理，理解超声波的发送和接收过程；掌握典型超声波测距模块的工作机理。

能力目标：通过学生设计、制作和调试超声波发送和接收电路，并最终形成超声波测距模块，以培养学生自主学习、探究问题和解决问题的能力。

情感目标：激发学生的好奇心与求知欲，增加学生的学习兴趣和学习主观能动性，培养学生的交流协作能力和评价能力，提高相关技能和技巧。

**【教学重点与难点】**

教学重点：超声波发送和接收电路的分析和设计。

教学难点：超声波测距模块的制作与调试。

**【项目分析与任务实施】**

空气超声波探头发射超声脉冲，到达被测物时被反射回来，并被另一只空气超声波探头所接收。测出从发射超声波脉冲到接收超声波脉冲所需的时间 $t$，再乘以空气的声速 (340m/s)，就是超声脉冲在被测距离所经历的路程，除以 2 就得到距离。

这里采用脉冲反射法来测量距离，因为脉冲反射不涉及共振机理，与被测物体的表面粗糙度关系不密切。被测 $D=ct/2$，式中 $c$ 为声波在空气中的传播速度，$t$ 为超声波发射至返回的时间间隔。

为了方便处理，发射的超声波被调制成 40kHz 左右，具有一定间隔的调制脉冲波信号。通常的测距系统框图如图 4.14 所示，由图可见通常的超声波测距系统由超声波发射、接收、MCU 和显示四个部分组成。

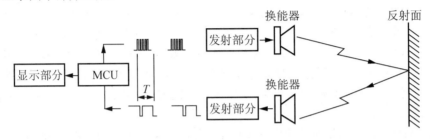

图 4.14　超声波测距原理框图

本项目要实现的主要是超声波发射部分和接收部分电路，后面的 MCU 控制部分和显示部分作为拓展内容来实施。

1. 超声波发射电路

如图 4.15 所示，发射电路主要由反相器 74LS04 和超声波发射换能器 T 构成，40kHz 方波信号可由 CMOS 非门构成的多谐振荡器产生，也可以由定时器 555 构成多谐振荡器来产生，而实际测距系统应用中往往会采用"晶振＋MCU"中输出的 40kHz。

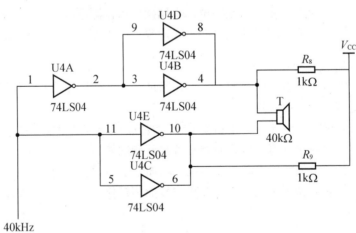

图 4.15　超声波发送电路

发射电路中，40kHz 方波信号一路经一级反相器后送到超声波换能器的一个电极，另一路经两级反相器后进到超声波换能器的另一个电极。用这种推挽形式将方波信号加到超声波换能器两端，可以提高超声波的发射强度。

输出端采用两个反相器并联，以提高驱动能力。

上拉电阻 $R_8$、$R_9$，一方面可以提高反相器 74LS04 输出高电平的驱动能力，另一方面可以增加超声波换能器的阻尼效果，缩短其自由振荡的时间。

2. 超声波接收电路

如图 4.16 所示，这里使用 CX20106 集成电路对接收探头受到的信号进行放大、滤波，其总放大增益 80dB。实际接线中 CX20106 的引脚注释和参数考虑见表 4-1。

表 4-1 CX20106 的引脚注释和参数设置

| 引脚 | 对应功能 | 通常参数设置 |
|---|---|---|
| 1 | 信号输入端 | 该引脚的输入阻抗约为 40kΩ |
| 2 | 与地之间接 RC 串联网络 | 增大电阻 R 或减小 C，将使负反馈量增大，放大倍数下降；反之则放大倍数增大。但 $C_1$ 的改变会影响到频率特性，一般在实际使用中不必改动，推荐选用参数为 $R=4.7Ω$，$C=1μF$ |
| 3 | 与地之间连接检波电容 | 电容量大为平均值检波，瞬间相应灵敏度低；若容量小，则为峰值检波，瞬间相应灵敏度高，但检波输出的脉冲宽度变动大，易造成误动作，推荐参数为 3.3μF |
| 4 | 接地端 |  |
| 5 | 与电源间接入一个电阻 | 用以设置带通滤波器的中心频率 $f_o$，阻值越大，中心频率越低。例如，取 $R=200kΩ$ 时，$f_o \approx 42kHz$，若取 $R=220kΩ$，则中心频率 $f_o \approx 38kHz$ |
| 6 | 与地之间接 1 个积分电容 | 积分电容的标准值为 330pF，如果该电容取得太大，会使探测距离变短 |
| 7 | 遥控命令输出端 | 它是集电极开路输出方式，因此该引脚须接上一个上拉电阻到电源端，推荐阻值为 22kΩ，没有信号时该端输出为高电平，有信号时则产生下降 |
| 8 | 电源正极 | 4.5～5V |

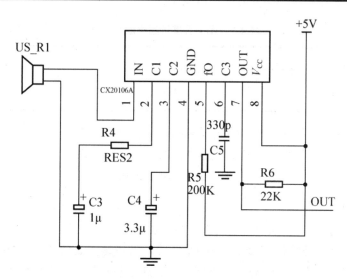

图 4.16 超声波接收电路

3. 电路制作与调试

(1) 根据电路选择合适的元器件，图 4.15 和图 4.16 中元器件对应参数见表 4-2。

表 4-2　电路元器件型号或参数

| 序号 | 元器件名称 | 型号与规格 | 数量 |
|---|---|---|---|
| 1 | 集成电路 | U4　74LS04 | 1 |
| 2 | 发送探头 | T　40kΩ | 1 |
| 3 | 接收探头 | R　40kΩ | 1 |
| 4 | 集成电路 | CX20106 | 5 |
| 5 | 电阻 | 普通电阻 | 若干 |
| 6 | 电容 | 瓷片电容、电解电容 | 若干 |

(2) 制作电路板并焊接电路。

(3) 调试电路：电路制作完成后，输入 40kHz 脉冲信号和相关电源电路，调整好相关参数和距离，观察超声波接收电路的"OUTPUT"输出结果。实际调试中也可以和单片机最小系统组合起来应用，这里的 40kHz 可以由单片机中引出，而接收电路的输出结果导入单片机系统中去，按要求实现相关显示和报警功能等。

4. 注意事项和问题思考

(1) 超声波发射和接收探头安装时应保持两换能器中心轴线平行并相距 4～8cm。

(2) 由于超声波也是一种声波，其声速 $c$ 与温度有关，表 4-3 列出了几种不同温度下的超声波声速。在使用时如果温度变化不大，则可认为声速是基本不变的。如果测距精度要求很高，则应通过温度补偿的方法加以校正。

表 4-3　不同温度下超声波声速表

| 温度/℃ | －30 | －20 | －10 | 0 | 10 | 20 | 30 | 100 |
|---|---|---|---|---|---|---|---|---|
| 声速 $c$/(m/s) | 313 | 319 | 325 | 323 | 338 | 344 | 349 | 386 |

(3) 思考一下，如何用硬件电路实现 40kHz 方波脉冲？

(4) 查找并研究其他参考资料上的超声波发送和接收电路。

(5) 思考测距中的"盲区"的产生原因和减小措施。

【知识要点链接】

超声波测距通常指的是超声波在空气中的传播，它广泛应用于物位(液位)高低测量、车辆倒车防撞报警(俗称倒车雷达)、声呐系统等，具体这方面的资料可以去查阅相关文献资料等。另外随着超声波通过介质的不同，如金属、石材等，可以拓展到超声波测厚、探伤等应用场合中去。

1. 超声波测量液位(物位)原理

在液罐上方安装空气传导型超声波发射器和接收器，根据超声波的往返时间，就可测得液体的液面。液位测量实物示意图如图 4.17 所示，液位计原理如图 4.18 所示。

**图 4.17　液位测量实物示意图**

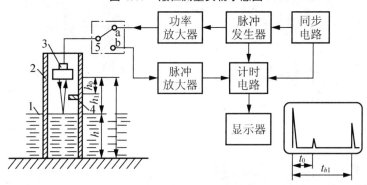

**图 4.18　超声波液位计原理**

1—液面；2—直管；3—空气超声波探头；4—反射小板；5—电子开关

**例 4.1**　如图 4.18 所示，从屏幕上测得 $t_0 = 1.5$ms，$t_{h1} = 6.0$ms。已知水底距超声波探头的间距为 10m，反射小板与探头的间距为 0.5m，求液位 $h$。

解：由于 $c = \dfrac{2h_0}{t_0} = \dfrac{2h_1}{t_1}$，所以有 $\dfrac{h_0}{t_0} = \dfrac{h_1}{t_1}$，所以 $h_1 = \dfrac{t_1}{t_0}h_0 = (6.0 \times 0.5/1.5)\text{m} = 2\text{m}$

所以液位 $h$ 为 $h = h_2 - h_1 = (10 - 2)\text{m} = 8\text{m}$。

2. 超声波测厚

双晶直探头中的压电晶片发射超声波振动脉冲，超声波脉冲到达试件底面时，被反射回来，并被另一只压电晶片所接收。只要测出从发射超声波脉冲到接收超声波脉冲所需的时间 $t$，再乘以被测体的声速常数 $c$，就是超声波脉冲在被测件中所经历的来回距离，再除以 2，就得到厚度 $\delta = \dfrac{1}{2}ct$，这就是超声波测厚原理。

常见的手持式超声波测厚仪如图 4.19 所示，另外一些常见的超声波测厚探头如图 4.20 和图 4.21 所示。

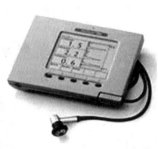

图 4.19 常见的手持式超声波测厚仪

【参考图文】

图 4.20 石料测厚

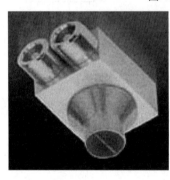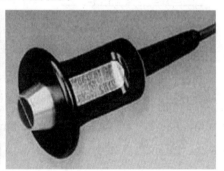

图 4.21 双晶超声波测厚探头

例 4.2 超声波测厚计算，如图 4.22 中的(a)、(b)所示。对照超声波测厚原理进行超声波探伤的计算，设显示器的 $x$ 轴为 $10\mu s/div$ (格)，现测得 B 波与 T 波的距离为 6 格，F 波与 T 波的距离为 2 格。试求：

(1) $t_\delta$ 及 $t_F$；

(2) 钢板的厚度 $\delta$ 及缺陷 F 与表面的距离 $x$。

(已知纵波在钢板中的声速常数 $c=5.9\times10^3\,m/s$)

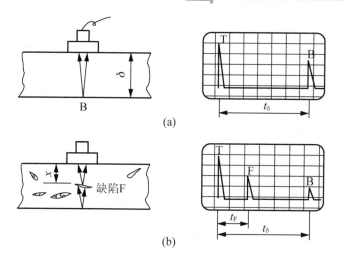

图 4.22 例 4.2 示意图

解：(1) $t_\delta=10\mu s/div\times6div=60\mu s=0.06ms$，$t_F=10\mu s/div\times2div=20\mu s=0.02ms$

(2) $\delta=t_\delta\times c/2=0.06\times10^{-3}\times5.9\times10^3/2=0.177(m)$，

$x=t_F\times c/2=0.02\times10^{-3}\times5.9\times10^3/2=0.059(m)$

例 4.2 充分说明了超声波无损探伤的具体原理，另一个侧面反映了超声波测距的应用。人们在使用各种材料(尤其是金属材料)的长期实践中，观察到大量的断裂现象，它曾给人类带来许多灾难事故，涉及舰船、飞机、轴类、压力容器、宇航器、核设备等。由于无损探伤以不损坏被检验对象为前提，所以得到广泛应用。无损检测的方法有磁粉检测法、电涡流法、荧光染色渗透法、放射线(X 射线、中子)照相检测法、超声波探伤法等。超声波探伤是目前应用十分广泛的无损探伤手段，它既可检测材料表面的缺陷，又可检测内部几米深的缺陷，这是 X 射线探伤所达不到的深度。

# 4.4　超声波传感器的其他应用

【精讲微课】

## 1. 超声波加湿器

超声波加湿器采用超声波高频振荡，将水雾化为 1～5μm 的超微粒子，通过风动装置，将水雾扩散到空气中，使空气湿润并伴生丰富的负氧离子，能清新空气，有益健康，一改冬季暖气的燥热，营造舒适的生活环境。超声波加湿器的优点是，加湿强度大，加湿均匀，加湿效率高；节能、省电，耗电仅为电热加湿器的 1/10 至 1/15；使用寿命长，湿度自动平衡，无水自动保护；兼具医疗雾化、冷敷浴面、清洗首饰等功能。缺点是对水质有一定的要求。市场上可以买到的超声波加湿器如图 4.23 所示。

## 2. 超声波雾化器

超声波雾化器在医疗、花卉栽培等方面有着广泛应用，市场上可以看到的超生波雾化器如图 4.24 所示。

图 4.23　超声波加湿器

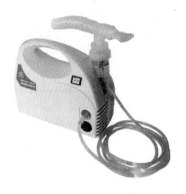

图 4.24　超声波雾化器

　　超声波雾化技术应用于医疗方面的基本原理：来自主电路板的振荡信号被大功率三极管进行能量放大，传递给超声波晶片，超声波晶片把电能转化为超声波能量，超声波能量在常温下能把水溶性药物雾化成 $1\sim5\mu m$ 的微小雾粒，以水为介质，利用超声波定向压强将水溶性药液喷成雾状，借助内部风机风力，将药液喷入患者气道，再被患者吸入，直接作用于病灶，主要用于内科、外科、五官科、儿科等方面，尤其对呼吸系统的疾病预防和治疗具有明显效果。

　　超声雾化器的使用喜忧参半，虽然各种品牌的超声雾化器采用了水路、电路分离，但因使用率高，本身气雾使电路总是工作在潮湿环境中，其故障率高，医院的雾化器几乎每几个月都要修理一次。

　　3. 超声波塑料焊接机

　　超声波塑料焊接机主要是利用压电陶瓷或磁致伸缩材料在高电压窄脉冲作用下，可得到较大功率的超声波，可以被聚焦，能用于集成电路及塑料的焊接。

　　焊接机外形如图 4.25 所示。

　　当超声波作用于热塑性的塑料接触面时，会产生每秒几万次的高频振动，这种达到一定振幅的高频振动，通过上焊件把超声波能量传送到焊区，由于焊区即两个焊接的交界面处声阻大，因此会产生局部高温。

　　又由于塑料导热性差，短时间内不能及时散发热量，使其聚集在焊区，致使两个塑料的接触面迅速熔化，加上一定压力后，使其融合成一体。

　　当超声波停止作用后，让压力持续几秒钟，使其凝固成型，这样就形成一个坚固的分子链，达到焊接的目的，焊接强度接近于原材料强度。

　　超声波塑料焊接的好坏取决于换能器焊头的振幅、所加压力及焊接时间三个因素，焊接时间和焊头压力是可以调节的，振幅由换能器和变幅杆决定。这三个量相互作用存在一个适宜值，能量超过适宜值时，塑料的熔解量就大，焊接物易变形；若能量小，则不易焊牢。所加的压力也不能太大，最佳压力是焊接部分的边长与边缘每 1 毫米的最佳压力之积。

　　4. B 超中的应用

　　如图 4.26 所示为 B 超机外形。

B 超的基本原理：超声波在人体内传播，由于人体各种组织有声学的特性差异，超声波在两种不同组织界面处产生反射、折射、散射、绕射、衰减，以及声源与接收器相对运动产生多普勒频移等物理特性。

应用不同类型的超声波诊断仪，采用各种扫查方法，接收这些反射、散射信号，显示各种组织及其病变的形态，结合病理学、临床医学，观察、分析、总结不同的反射规律，从而对病变部位、性质和功能障碍程度作出诊断。用于诊断时，超声波只作为信息的载体，把超声波射入人体通过它与人体组织之间的相互作用获取有关生理与病理的信息。

当前超声波诊断技术主要用于体内液性、实质性病变的诊断，而对于骨、气体遮盖下的病变不能探及，因此在临床使用中受到一定的限制。用于治疗时，超声波则作为一种能量形式，对人体组织产生结构或功能的及其他生物效应，以达到某种治疗目的。

5. 超声波探鱼器

超声波探鱼器工作原理：利用超声波换能器发射信号，通过空气或水的传播，利用超声波在水中接触物体反馈回来的信号，然后通过内部处理器处理，最后显示在屏幕上。

6. 超声波高效清洗

超声波高效清洗的基本原理：当弱的声波信号作用于液体中时，会对液体产生一定的负压，即液体体积增加，液体中分子空隙加大，形成许多微小的气泡；而当强的声波信号作用于液体时，则会对液体产生一定的正压，即液体体积被压缩减小，液体中形成的微小气泡被压碎，如图 4.27 所示。

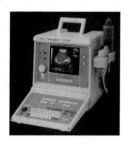

【参考图文】

图 4.25  超声波塑料焊接机　　图 4.26  B 超机外形　　图 4.27  超声波清洗示意图

经研究证明：超声波作用于液体中时，液体中每个气泡的破裂会产生能量极大的冲击波，相当于瞬间产生几百度的高温和高达上千个大气压的压力，这种现象被称为"空化作用"，超声波清洗正是利用液体中气泡破裂所产生的冲击波来达到清洗和冲刷工件内外表面的作用。

超声清洗多用于半导体、机械、玻璃、医疗仪器等行业。

7. 超声波流量计

超声波流量计(以下简称 USF)是通过检测流体流动时对超声波束(或超声波脉冲)的作用，以测量体积流量的仪表。这里主要讨论用于测量封闭管道液体流量的 USF。

根据对信号检测的原理，超声波流量计可分为传播速度差法(直接时差法、时差法、相位差法和频差法)、波束偏移法、多普勒法、互相关法、空间滤法及噪声法等。

典型的超声波流量计工作示意图如图 4.28 所示。

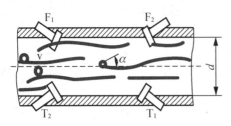
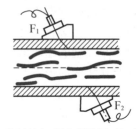

(a) $F_1$ 发射的超声波先到达 $T_1$        (b) $F_1$ 发射的超声波到达 $F_2$ 的时间较短

图 4.28　超声波流量计工作示意图

1) 时间差法测量流量原理

声波在流体中传播，顺流方向声波传播速度会增大，逆流方向则减小，使得同一传播距离有不同的传播时间。利用传播速度之差与被测流体流速的关系求取流速，称之传播时间法。

图 4.28(a)所示，在被测管道上下游的一定距离上，分别安装两对超声波发射和接收探头，即 $F_1$、$T_1$ 和 $F_2$、$T_2$，其中 $F_1$、$T_1$ 的超声波是顺流传播的，而 $F_2$、$T_2$ 的超声波是逆流传播的。由于这两束超声波在液体中传播速度的不同，测量两接收探头上超声波传播的时间差 $\Delta t$，可得到流体的平均速度及流量。其他相关测量方法可以查阅相关资料。

2) 频率差法测量流量原理

如图 4.28(b)所示，$F_1$、$F_2$ 是完全相同的超声探头，安装在管壁外面，通过电子开关的控制，交替地作为超声波发射器与接收器用。首先由 $F_1$ 发射出第一个超声波脉冲，它通过管壁、流体及另一侧管壁被 $F_2$ 接收，此信号经放大后再次触发 $F_1$ 的驱动电路，使 $F_1$ 发射第二个超声波脉冲。紧接着，由 $F_2$ 发射超声脉冲，而 $F_1$ 作为接收器，可以测得 $F_1$ 的脉冲重复频率为 $f_1$。同理可以测得 $F_2$ 的脉冲重复频率为 $f_2$。顺流发射频率 $f_1$ 与逆流发射频率 $f_2$ 的频率差 $\Delta f$ 与被测流速 $v$ 成正比。

具体现场应用如图 4.29 和图 4.30 所示。

图 4.29　同侧式超声波流量计的使用        图 4.30　异侧式超声波流量计的使用

超声波流量计的主要优点是，流体中不插入任何元件，对流速无影响，也没有压力损失；能用于任何液体，特别是具有高黏度、强腐蚀、非导电性等性能的液体的流量测量，也能测量气体的流量；对于大口径管道的流量测量，不会因管径大而增加投资；量程比较宽；输出与流量之间呈线性等。

主要缺点：当被测液体中含有气泡或杂音时，将会影响测量精度；传播时间法 USF 只能用于清洁液体和气体，不能测量悬浮颗粒和气泡超过某一范围的液体，相对地多普勒法 USF 只能用于测量含有一定异相的液体；外夹装换能器的 USF 不能用于衬里或结垢太厚的管道，以及不能用于衬里(或锈层)与内管壁剥离(若夹层夹有气体会严重衰减超声信号)或锈蚀严重(改变超声传播路径)的管道；多普勒法 USF 多数情况下测量精度不高；国内现有生产品种不能用于管径小于 DN25mm 的管道。

**8. 超声波多普勒效应应用**

多普勒效应是波源和观察者有相对运动时，观察者接受到波的频率与波源发出的频率并不相同的现象。远方急驶过来的火车鸣笛声变得尖细(即频率变高，波长变短)，而离我们而去的火车鸣笛声变得低沉(即频率变低，波长变长)，就是多普勒效应的现象。多普勒效应不仅仅适用于声波，它也适用于所有类型的波，包括电磁波。

如果波源和观察者之间有相对运动，那么观察者接收到的频率和波源的频率就不相同了，如果测出 $\Delta f$ 就可得到运动速度。

超声波多普勒测量车速如图 4.31 所示。另外应用超声波多普勒测量风速，其示意图如图 4.32 所示，从图中可知前进方向的频率升高。

图 4.31　超声波多普勒测量车速

图 4.32　超声波多普勒测量风速示意图

如图 4.33 所示为应用超声波多普勒效应来实现防盗的报警器电路。

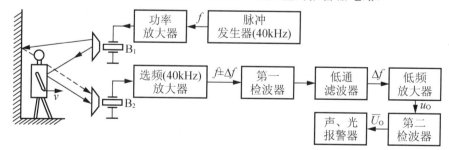

图 4.33　超声防盗报警器电路

图 4.33 中的上半部分为发射电路，下半部分为接收电路。发射器发射出频率 $f=40\text{kHz}$ 左右的超声波。如果有人进入信号的有效区域，相对速度为 $\upsilon$，从人体反射回接收器的超声波将由于多普勒效应，而发生频率偏移 $\Delta f$。

**问题思考与讨论话题：**

1．查阅一下当前应用比较广泛的集成超声波专用芯片有哪些？相关性能指标如何？使用的时候需要注意哪些方面的问题？给出具体应用电路。

2．分别各列举两种超声波发送和接收应用电路图，解释整体工作过程。

3．总结超声波传感器应用注意事项。

4．超声波测距电路(要求给出：基本应用电路＋测距原理＋电路定性分析＋应用场合等；最好是 PPT 展示，并结合视频说明)。

5．超声波医学诊断或治疗仪(要求：典型应用说明＋应用基本工作原理说明；有视频和 PPT 结合说明最好)。

6．如何应用超声波来金属探伤(要求：典型实例＋基本原理＋应用场合等)？

7．B 超应用(要求：视频＋基本工作机理说明，注意展示方式和说明的有机结合)。

8．倒车雷达的工作机理说明(要求：结合市场上应用的某种倒车雷达来说明其工作机理)。

9．其他超声波传感器的相关应用。

# 第 **5** 章
# 光电传感器及其应用

 **教 学 目 标**

　　本部分内容是以"光电效应及对应典型器件"、"典型光电器件的项目化应用"和"光电传感器典型应用"三大模块来落实的。

　　通过本章的学习，掌握光电效应，包括外光电效应和内光电效应(光电导效应和光生伏特效应,熟悉不同光电效应对应的光电器件及其应用场合；掌握光电传感器的基本应用电路，尤其是光敏电阻、光敏二极管和光敏三极管的应用电路；熟悉光电传感器在现实生活中的典型应用，掌握光电传感器的应用分析和设计方法；了解集成光电器件及其应用。

**教 学 要 求**

| 知识要点 | 能力要求 | 相关知识 |
|---|---|---|
| 光电效应及对应典型器件 | (1) 掌握光电效应<br>(2) 熟悉不同的光电器件及其原理 | 光电效应、光电器件 |
| 典型光电器件的应用 | (1) 学习光敏电阻和声音传感器的原理<br>(2) 学会应用电路的分析、制作和调试 | (1) 声光延时开关电路的设计<br>(2) 光敏二极管在路灯控制器中的应用 |
| 集成光电传感器 | (1) 了解集成光电传感器的种类<br>(2) 熟悉集成光电传感器的应用 | 集成光电传感器 |

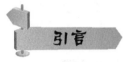

【精讲微课】

本章在熟悉光电效应及对应光电元件的基本结构、工作原理、特性基础知识的基础上，以典型光电传感器应用项目设计，即"声光控延时开关电路的设计"和"光敏二极管在路灯控制器中的应用"两个项目为载体，进一步学习典型光电器件的基本应用电路、具体实现考虑和制作及调试方法等，以综合项目实现来促进典型应用实例分析能力和制作调试技能技巧的提高，最终达到问题质疑能力和解决具体问题能力的培养目标。从知识点的完整性和实用性角度考虑，内容形式上编排了知识点链接这一模块。

光电传感器将光信号转换成电信号，可以利用某些材料的光电特性实现对光信号的检测。常见的光电传感器有光电管、光敏电阻、光敏二极管、光敏三极管、光电池等器件。光电传感器广泛应用于各种光控电路，如对光线的调节、控制以及需要调节光线的一些家用电子产品，如数码照相机等。

在本模块的学习中，以"做中学"和"学中做"的项目化形式实施，可以掌握各种光电传感器的类型、特点、应用场合及信号处理电路，理解信号处理电路的工作原理及测量方法，掌握光电传感器的选用原则，为从事工程应用打下基础。

## 5.1 光电效应及对应典型器件

【精讲微课】

用光照射某一物体时，可以看作物体受到一连串能量为 $hf$ 的光子的轰击，组成该物体的材料吸收光子能量而发生相应电效应的物理现象称为光电效应。将被测物理量通过光量的变化转换为电量变化，它的工作基础就是光电效应。光电效应可以分为外光电效应和内光电效应，其中内光电效应可以分为光电导效应和光生伏特效应。

### 5.1.1 外光电效应及对应器件

在光线的作用下能使电子逸出物体表面，在回路中形成光电流的现象称为外光电效应。基于外光电效应的光电元件有光电管、光电倍增管、紫外光电管、光电摄像管等。

光电管外形如图 5.1 所示，在真空玻璃管内装入两个电极——光电阴极与光电阳极，光电管的阴极受到适当的光线照射后发射电子，这些电子在电压作用下被阳极吸引，形成光电流。在玻璃管内充入氩、氖等惰性气体，构成充气光电管，当光电子被阳极吸引时会对惰性气体进行轰击，从而产生更多的自由电子，提高了光电转换的灵敏度。

光电倍增管的示意图如图 5.2 所示，在一个玻璃泡内除装有光电阴极和光电阳极外，还有若干个光电倍增极，倍增极上涂有在电子轰击下能发射更多电子的材料，前一级倍增极反射的电子恰好轰击后一级倍增极，在每个倍增极间依次增大加速电压。光电倍增管的灵敏度高，适合在微弱光下使用，但不能接受强光刺激，否则容易损坏。

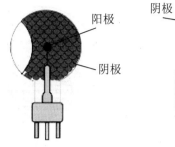
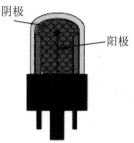

图 5.1　光电管外形

　　紫外光电管的外形如图 5.3 所示，当入射紫外线照射在紫外光电管阴极板上时，电子克服金属表面对它的束缚而逸出金属表面，形成电子发射。紫外光电管多用于紫外线测量、火焰监测等。

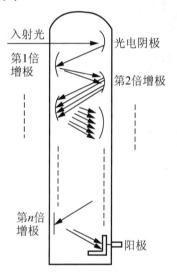

图 5.2　光电倍增管示意图

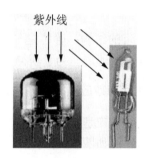

图 5.3　紫外光电管外形图

## 5.1.2　光电导效应及对应器件

　　光导电效应是指在一定波长光照作用下，物体导电性能发生改变的现象。光电导效应产生的自由电子停留在物体内部，不发生电子逸出，实质上是当入射光照到半导体表面时，半导体吸入入射光子的能量，通过本征半导体激发产生电子-空穴对，使载流子浓度增加，从而使半导体的电导率增大。

　　光敏电阻是基于光电导效应的，它是纯电阻元件，其阻值随光照增强而减小。按光谱特性及其工作波长，光敏电阻可分为紫外光、红外光和可见光光敏电阻。光敏电阻具有灵敏度高、体积小、重量轻、光谱响应范围宽、机械强度高、耐冲击和振动、寿命长等优点。制作光敏电阻的材料有硫化镉、硫化铅、硒化铟、硒化镉、硒化铅等。光敏电阻的主要特点是无极性。

　　常用的光敏电阻 Cds 内部构造和常见外形分别如图 5.4 和图 5.5 所示。

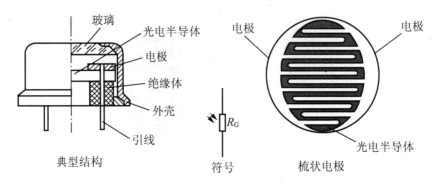

图 5.4　光敏电阻 Cds 的内部构造

【参考图文】

图 5.5　光敏电阻 Cds 的常见外形

光敏电阻的结构：管芯是一块安装在绝缘衬底上带有两个欧姆接触电极的光电半导体，一般都做成薄层。为了获得高的灵敏度，电极一般采用梳状图案。

### 5.1.3　光生伏特效应及对应器件

光生伏特效应是指在光线作用下，能使物体产生一定方向的电动势的现象。它的内部工作原理示意图如图 5.6 所示。

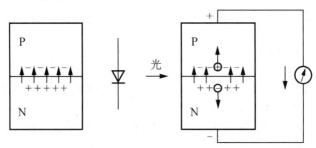

图 5.6　光生伏特效应示意图

如图 5.6 所示，具体工作过程如下：

无光照时，阻挡层—内建电场—PN 结；有光照时，光照射—光电子-空穴对—内建电场作用—光生电子被拉向 N 区，光生空穴被拉向 P 区—光电动势。

利用光生伏特效应工作的光敏器件主要包括光电池、光敏二极管和光敏三极管。光电池包括硅光电池、硒光电池、砷化镓光电池等。

1. 硅光电池

硅光电池又称为太阳能电池。硅光电池结构如图 5.7 所示。在图 5.7 中，N 型硅片上用扩散的方式掺入一些 P 型杂质(如硼)形成一个大面积的 PN 结，当入射光照射到 P 型表面时，光生电子在 PN 结电场作用下被拉向 N 区，光生空穴被拉向 P 区，从而形成光生电动势。

光电池的光电特性如图 5.8 所示，其中 1 表示开路电压曲线，表明开路电压为对数特性；2 表示短路电流曲线，表明短路电流为线性特性。

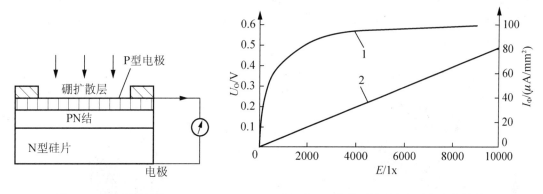

图 5.7　硅光电池结构　　　　　图 5.8　一个典型的硅光电池的光电特性

另外需要注意的是，用光电池作为测量元件时，应把它当作电流源的形式来使用，不宜用作电压源。受温度特性的影响，用光电池作为测量元件时，最好能保持温度恒定或采取温度补偿措施。

2. 光敏二极管

将光敏二极管的 PN 结设置在透明管壳顶部的正下方，光照射到光敏二极管的 PN 结时，电子-空穴对数量增加，光电流与照度成正比。

红外发射、接收对管外形如图 5.9 所示。

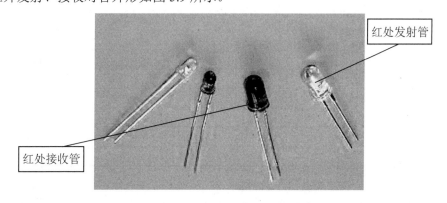

图 5.9　红外发射、接收对管外形

PIN 光敏二极管是在 P 区和 N 区之间插入一层电阻率很大的 I 层，从而减小了 PN 结的电容，提高了工作频率，其外形如图 5.10 所示。PIN 光敏二极管的工作电压(反向偏置电压)高，光电转换效率高，暗电流小，其灵敏度比普通的光敏二极管高得多，响应频率可达数十兆赫兹，可用作各种数字与模拟光纤传输系统、各种家电遥控器的接收管(红外波段)、UHF 频带小信号开关、中波频带到 1000MHz 之间电流控制、可变衰减器、各种通信设备收发天线的高频功率开关切换和 RF 领域的高速开关等。特殊结构的 PIN 二极管还可用于测量紫外线等。

【参考图文】

硅雪崩光敏二极管是采用 n＋p－πp＋型结构的可见光和近红外探测器，它具有高响应度、高信噪比、高响应速度等特点，可广泛应用于微光信号检测、长距离光纤通信、激光测距、激光制导等光电信息传输和光电对抗系统。APD 光敏二极管(雪崩光敏二极管)外形如图 5.11 所示。

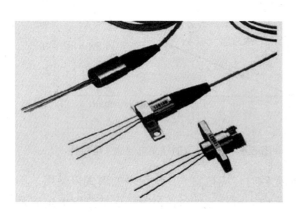

图 5.10　PIN 光敏二极管　　　　　　图 5.11　APD 光敏二极管(雪崩光敏二极管)

GD3250 系列硅雪崩光敏二极管的特性参数见表 5-1。

表 5-1　GD3250 系列硅雪崩光敏二极管的特性参数

| 参数 | 单位 | GD3250-A | GD3250-B | GD3250-C |
|---|---|---|---|---|
| 光电面直径 | mm | 0.2 | 0.5 | 0.8 |
| 工作电压 | V | 100～150 | 100～150 | 150～250 |
| 暗电流 | nA | ≤15 | ≤25 | ≤35 |
| 响应度 | V/w | 60 | 60 | 60 |
| 上升时间 | ns | ≤1 | ≤3 | ≤4 |
| 噪声等效功率 | Pw/$(Hz^{1/2})$ | 0.05 | 0.07 | 0.09 |
| 结电容 | pF | ≤1 | ≤1.5 | ≤2 |
| 使用温度范围 | ℃ | －20～+40 | －20～+40 | －20～+40 |
| 封装形式 | | TO 型、光纤型 | TO 型 | TO 型 |

光敏二极管应用时需要注意以下几点：

(1) 硅光敏二极管的温度系数为 –2mV／℃(约为－0.3%/℃),它约为短路电流温度系数的 10 倍以上，因此常用于测量精度不高的场合。

(2) 光敏二极管在实际使用时，有暗电流存在，一般来说，GaAsP 光敏二极管的漏电流为硅二极管的 1/10。

(3) 对硅光敏二极管来说，波长大于 1100nm 的光几乎不产生电流，也就是说它不吸收波长大于 1100nm 的光；GaAsP 光敏二极管其峰值波长在可见光范围内，因此，检测可见光时，不加紫外线截止滤光器，其暗电流小，开路电压大。

(4) 光敏二极管的响应特性基本上是由 PN 结的结电容 $C_j$ 与负载电阻 $R_L$ 决定的。二极管的反偏压越大，PN 结电容 $C_j$ 越小，因此，在高速响应电路中，必须加反偏使用，但暗电流也增大。

### 3. 光敏三极管

光敏三极管(亦称光电晶体管)有两个 PN 结，与普通三极管相似，有电流增益，但灵敏度比光敏二极管高。多数光敏三极管的基极没有引出线，只有正负(c、e)两个引脚，所以其外型与光敏二极管相似，从外观上很难区别。光敏三极管外形和结构分别如图 5.12 和图 5.13 所示。

【参考图文】

图 5.12 光敏三极管外形

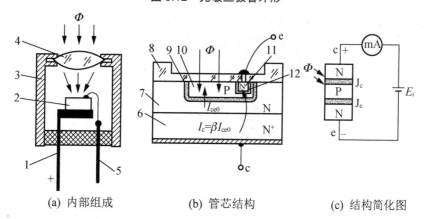

(a) 内部组成    (b) 管芯结构    (c) 结构简化图

图 5.13 光敏三极管内部结构

1—集电极引脚；2—管芯；3—外壳；4—玻璃聚光镜；
5—发射极引脚；6—N＋衬底；7—N 型集电区；8—SiO₂ 保护圈；
9—集电结；10—P 型基区；11—N 型发射区；12—发射结

不同材料制成的光敏三极管对不同波长的入射光，其相对灵敏度 K 是不同的，即使是同一种材料，只要控制 PN 结的制造工艺，也能获得不同的光谱特性。例如，通常硅光敏三极管的 K-λ 曲线的峰值波长仅为 0.8μm，但由于控制了 PN 结的厚度以及掺杂程度，现在已经分别制作出对红外光、可见光以及紫外光敏感的光敏晶体管。硅光敏三极管的光谱特性如图 5.14 所示。图 5.14 中，1 表示对中红外光敏感的光敏三极管；2 是普通的硅光敏三极管，它的峰值波长为 0.8μm；3 表示对可见光敏感的光敏三极管。由此可见，在实际应用中如何选取合适的光敏三极管也是十分关键的。其他有关光敏晶体管的伏安特性，温度特性和光电特性等就不再一一展开了。

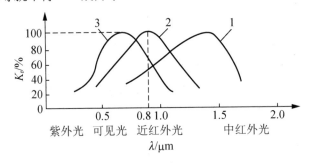

**图 5.14　硅光敏三极管的光谱特性**

### 4. 光敏晶闸管

　　光敏晶闸管有三个引出电极，即阳极 a、阴极 k 和门极 g。它的顶部有一个玻璃透镜，光敏晶闸管的阳极与负载串联后接电源正极，阴极接电源负极，门极可悬空。

　　光敏晶闸管外形如图 5.15 所示。当有一定光照度的光信号通过玻璃窗口照射到正向阻断的 PN 结上时，将产生门极电流，从而使光敏晶闸管从阻断状态变为导通状态。导通后，即使光照消失，光敏晶闸管仍维持导通。要切断已触发导通的光敏晶闸管，必须使阳极与阴极的电压反向，或使负载电流小于其维持电流。光敏晶闸管的特点是，导通电流比光敏三极管大得多，工作电压有的可达数百伏，因此输出功率大，可用于工业自动检测控制。

【精讲微课】

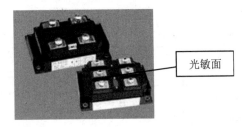
光敏面

**图 5.15　光敏晶闸管外形**

### 5. 光电耦合器、光电断路器

　　光电耦合器由发光源和受光器两部分组成。把发光源和受光器组装在同一密闭的壳体内，彼此间用透明绝缘体隔离。发光源的引脚为输入端，受光器的引脚为输出端，常见的发光源为发光二极管，受光器为光敏二极管、光敏三极管等。

　　光电耦合器在输入端加入电信号使发光源发光，光的强度取决于激励电流的大小，当光照射到与发光源封装在一起的受光器上后，因光电效应而产生了光电流，由受光器输出端引出，这样就实现了"电—光—电"的转换。

光电耦合器的种类较多，常见有光敏二极管型、光敏三极管型、光敏电阻型、光控晶闸管型、光电达林顿型、集成电路型等；光电耦合器的外形有金属圆壳封装、塑封双列直插等。光电耦合器常见应用电路有开关电路、光耦合的可控硅开关电路及用于双稳态输出的光耦合电路、电平转换电路和高压稳压电路等。

光电断路器是光电耦合器的一种形式，它主要用于计数、控制和检测等。各种光电断路器的基本应用电路如图 5.16 所示，各光电断路器均构成电子开关形式。

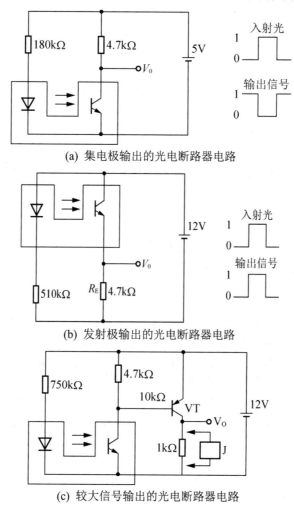

(a) 集电极输出的光电断路器电路

(b) 发射极输出的光电断路器电路

(c) 较大信号输出的光电断路器电路

**图 5.16　光电断路器基本应用电路**

图 5.16(a)所示电路中，发光二极管或红外发射管发出光线，照射到对面的光电接收管上，输出低电平；当遮挡物插入凹槽时光线被遮断，光电接收管阻值很大，输出高电平。如果把遮挡物设计成带孔的转盘，则可以用来检测转速。

图 5.16(b)的功能与图 5.16(a)类似。图 5.16(c)增加一个三极管 VT，可以增加检测灵敏度和负荷能力。

日常生活中，普通的插卡式电源开关可用于宾馆客房和集体宿舍，能起到节约用电的目的，其信号检测部分就可以用光电断路器来实现。

# 5.2 典型光电器件的项目化应用

下面通过对光敏电阻、光敏二极管(光敏三极管)等的项目化应用设计与制作来达到知识点落实和教学目标实现的要求。

### 项目一 声光控延时开关电路的设计

**【教学目标】**

知识目标：学习光敏电阻和驻极体声音传感器的基本工作原理；学会分析声光控延时开关的工作原理；理解单向可控硅的工作特性。

能力目标：通过学生制作、调试声光控延时开关，培养学生自主学习和探究问题的能力。

情感目标：激发学生的好奇心与求知欲，培养学生的交流合作能力和评价能力，提高学生安全用电意识。

**【教学重点与难点】**

教学重点：声光控延时开关的分析和制作。

教学难点：声光控延时开关的调试。

**【项目分析与任务实施】**

声光控延时开关可以考虑成是集声控、光控、延时自动控制技术为一体的，在光照低于特定条件下，用声音或者手动触摸来控制开关的"开启"，若干分钟后开关"自动关闭"，用它代替住宅小区的楼道上的开关，只有在天黑以后，当有人走过楼梯通道发出的脚步声或说话声等声音或触摸开关触点时，楼道灯会自动点亮，提供照明，当人们进入家门或走出公寓，楼道灯延时几分钟后会自动熄灭。在白天，即使有声音或触摸开关触点，楼道灯也不会亮，这样既能延长灯泡寿命，又可以达到节能的目的。

#### 1. 电路原理

整个电路由电源电路、放大电路、处理电路(声控电路、光控电路)及延时电路等部分组成。电源由家用 220V 交流电源供电，光敏控电路对外界光亮程度的感应会产生相对应的电压信号，从而实现白天灯泡不亮晚上遇到声响时，通过声控电路使灯泡自动点亮。声控电路主要将声音信号转变为电信号，从而要实现自动控制。延时电路的作用是在声音消失后延长一段光照时间，以增强电路的实用性。具体实现上考虑选用 CD4011 集成块为延时电路，选用 1A 单向进口可控硅以及性能稳定的光敏电阻和优质的驻极体组成的声光控动作电路，此电路节省能源，制作容易。

图 5.17 所示电路中，220V 的市电经过灯泡和全桥整流后一路加在单向可控硅上，另一路经 $R_1$ 限流后给本电路供电，由于一开始可控硅无触发信号，呈关断状态，灯不亮。

图 5.17 中，$C_2$ 为主滤波电容，四个二极管($D_1 \sim D_4$)整流桥给本电路提供稳定的工作电压；9014 和 $R_2$ 组成的放大电路对话筒 MIC 送来的微弱信号进行放大，然后再送入四输入与非门 CD4011 芯片进一步放大，经 $C_3$ 的正极给其充电，很快 $C_3$ 就充到了门电路的翻转电压。

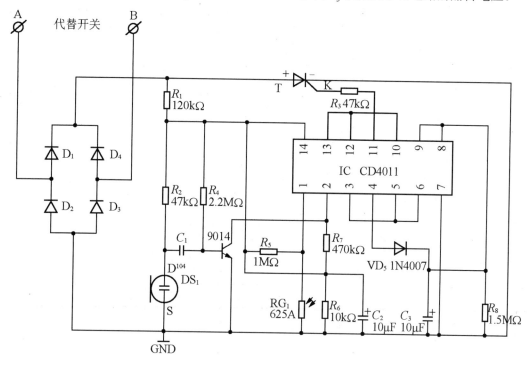

**图 5.17　声光控延时开关原理图**

当有光时，1B 输入为低电平，不论 1A 为高电平还是低电平，最后 CD4011 芯片的 11 引脚输出都是低电平，即可控硅都截止，则灯不亮。无光时，当有声音信号时，芯片 1 高电平，2 高电平，则通过 $R_3$ 输出信号为高电平使可控硅导通，电灯点亮。

在这个过程中，声音信号只需一个瞬时即可，这是因为，当声音信号来时，$C_3$ 上的电压很快就充到了电源电压，而这时即使声音信号消失，$C_3$ 也能通过 $R_8$ 进行放电。所以 $C_2$ 上将维持一段时间的高电平，这个高电平将维持单向可控硅导通，这就是延时的效果。灯亮后所能延时的长短取决于 $C_3$ 上维持高电平的时间长短，所以选择 $C_3$ 的大小，可以控制延时的长短。当 $C_3$ 上的电压低时，CD4011 芯片的 10 引脚输出高电平，11 引脚输出低电平，单向可控硅的控制端没了触发信号而截止，灯熄灭。

**2. 电路制作**

图 5.17 中主要电路元器件的型号或参数见表 5-2。

**表 5-2　电路元器件型号或参数**

| 序号 | 元器件名称 | 型号与规格 | 数量 |
| --- | --- | --- | --- |
| 1 | 集成电路 | IC　CD4011 | 1 |

续表

| 序号 | 元器件名称 | 型号与规格 | 数量 |
|---|---|---|---|
| 2 | 单项可控硅 | T   MCR100-6 或 406 | 1 |
| 3 | 三极管 | VT   9014 | 1 |
| 4 | 整流二极管 | VD1～VD4   1N4007 | 5 |
| 5 | 驻极体话筒 | BM | 1 |
| 6 | 光敏电阻 | 625A | 1 |
| 7 | 电阻 | $R_6$   10kΩ | 1 |
| 8 | 电阻 | $R_1$   120kΩ | 1 |
| 9 | 电阻 | $R_2$   $R_3$   47kΩ | 2 |
| 10 | 电阻 | $R_7$   470kΩ | 1 |
| 11 | 电阻 | $R_5$   1MΩ | 1 |
| 12 | 电阻 | $R_4$   2.2MΩ | 1 |
| 13 | 电阻 | $R_8$   1.5MΩ(或 5.1MΩ) | 1 |
| 14 | 瓷片电容 | $C_1$   0.1μF | 1 |
| 15 | 电解电容 | $C_2$   10μF/16V | 1 |
| 16 | 电解电容 | $C_3$   10μF/16V | 1 |

(1) 按原理图选择并检测元器件的好坏。

(2) 设计、制作印制电路板。

(3) 焊接电路。

3．电路调试

用布等物将光敏电阻的光挡住。用手轻拍驻极体，这时灯应亮，若用光照射光敏电阻，再用手重拍驻极体，这时灯不亮，说明光敏电阻完好。

4．问题思考

(1) 延时开关电路中的延时时间如何计算？

(2) 简要描述单向可控硅的工作特性。

(3) $C_1$、$C_2$、$C_3$ 的各自作用是什么？

【知识要点链接】

1．光敏电阻的主要技术参数

光敏电阻具有很高的灵敏度，很好的光谱特性，光谱响应可从紫外区到红外区范围内，而且体积小、重量轻、性能稳定、价格便宜，因此应用比较广泛；但因其具有一定的非线性，所以光敏电阻常用于光电开关实现光电控制。光敏电阻制造技术成熟，生产厂家众多，表 5-3 为光敏电阻的主要技术参数，供设计电路时参考。

表 5-3 光敏电阻主要技术参数

| 规格 | 型号 | 最大电压 /V | 最大功耗 /mW | 环境温度/℃ | 光谱峰值 /nm | 亮电阻 (10lx)/KΩ | 暗电阻 /MΩ | 响应时间 升 | 响应时间 降 |
|------|------|------|------|------|------|------|------|------|------|
| Φ3 系列 | GL3516 | 100 | 50 | −30～+70 | 540 | 5～10 | 0.6 | 30 | 30 |
| | GL3526 | 100 | 50 | −30～+70 | 540 | 10～20 | 1 | 30 | 30 |
| | GL3537−1 | 100 | 50 | −30～+70 | 540 | 20～30 | 2 | 30 | 30 |
| | GL3537−2 | 100 | 50 | −30～+70 | 540 | 30～50 | 3 | 30 | 30 |
| | GL3547−1 | 100 | 50 | −30～+70 | 540 | 50～100 | 5 | 30 | 30 |
| | GL3547−2 | 100 | 50 | −30～+70 | 540 | 100～200 | 10 | 30 | 30 |
| Φ4 系列 | GL4516 | 150 | 50 | −30～+70 | 540 | 5～10 | 0.6 | 30 | 30 |
| | GL4526 | 150 | 50 | −30～+70 | 540 | 10～20 | 1 | 30 | 30 |
| | GL4537−1 | 150 | 50 | −30～+70 | 540 | 20～30 | 2 | 30 | 30 |
| | GL4527−2 | 150 | 50 | −30～+70 | 540 | 30～50 | 3 | 30 | 30 |
| | GL4548−1 | 150 | 50 | −30～+70 | 540 | 50～100 | 5 | 30 | 30 |
| | GL4548−2 | 150 | 50 | −30～+70 | 540 | 100～200 | 10 | 30 | 30 |
| Φ5 系列 | GL5516 | 150 | 90 | −30～+70 | 540 | 5～10 | 0.5 | 30 | 30 |
| | GL5528 | 150 | 100 | −30～+70 | 540 | 10～20 | 1 | 20 | 30 |
| | GL5537−1 | 150 | 100 | −30～+70 | 540 | 20～30 | 2 | 20 | 30 |
| | GL5537−2 | 150 | 100 | −30～+70 | 540 | 30～50 | 3 | 20 | 30 |
| | GL5539 | 150 | 100 | −30～+70 | 540 | 50～100 | 5 | 20 | 30 |
| | GL5549 | 150 | 100 | −30～+70 | 540 | 100～200 | 10 | 20 | 30 |
| | GL5606 | 150 | 100 | −30～+70 | 560 | 4～7 | 0.5 | 30 | 30 |
| | GL5616 | 150 | 100 | −30～+70 | 560 | 5～10 | 0.8 | 30 | 30 |
| | GL5626 | 150 | 100 | −30～+70 | 560 | 10～20 | 2 | 20 | 30 |
| | GL5637−1 | 150 | 100 | −30～+70 | 560 | 20～30 | 3 | 20 | 30 |
| | GL5637−2 | 150 | 100 | −30～+70 | 560 | 30～50 | 4 | 20 | 30 |
| | GL5639 | 150 | 100 | −30～+70 | 560 | 50～100 | 8 | 20 | 30 |
| | GL5649 | 150 | 100 | −30～+70 | 560 | 100～200 | 15 | 20 | 30 |
| Φ7 系列 | GL7516 | 150 | 100 | −30～+70 | 540 | 5～10 | 0.5 | 30 | 30 |
| | GL7528 | 150 | 100 | −30～+70 | 540 | 10～20 | 1 | 30 | 30 |
| | GL7537−1 | 150 | 150 | −30～+70 | 560 | 20～30 | 2 | 30 | 30 |
| | GL7537−2 | 150 | 150 | −30～+70 | 560 | 30～50 | 4 | 30 | 30 |
| | GL7539 | 150 | 150 | −30～+70 | 560 | 50～100 | 8 | 30 | 30 |
| Φ10 系列 | GL10516 | 200 | 150 | −30～+70 | 560 | 5～10 | 1 | 30 | 30 |
| | GL10528 | 200 | 150 | −30～+70 | 560 | 10～20 | 2 | 30 | 30 |
| | GL10537−1 | 200 | 150 | −30～+70 | 560 | 20～30 | 3 | 30 | 30 |
| | GL10537−2 | 200 | 150 | −30～+70 | 560 | 30～50 | 5 | 30 | 30 |
| | GL10539 | 250 | 200 | −30～+70 | 560 | 50～100 | 8 | 30 | 30 |

续表

| 规格 | 型号 | 最大电压 (V) | 最大功耗 /mW | 环境温度/℃ | 光谱峰值 /nm | 亮电阻 (10lx)/KΩ | 暗电阻 /MΩ | 响应时间 | |
|---|---|---|---|---|---|---|---|---|---|
| | | | | | | | | 升 | 降 |
| Φ12 系列 | GL12516 | 250 | 200 | −30～+70 | 560 | 5～10 | 1 | 30 | 30 |
| | GL12528 | 250 | 200 | −30～+70 | 560 | 10～20 | 2 | 30 | 30 |
| | GL12537-1 | 250 | 200 | −30～+70 | 560 | 20～30 | 3 | 30 | 30 |
| | GL12537-2 | 250 | 200 | −30～+70 | 560 | 30～50 | 5 | 30 | 30 |
| | GL12539 | 250 | 200 | −30～+70 | 560 | 50～100 | 8 | 30 | 30 |
| Φ20 系列 | GL20516 | 500 | 500 | −30～+70 | 560 | 5～10 | 1 | 30 | 30 |
| | GL20528 | 500 | 500 | −30～+70 | 560 | 10～20 | 2 | 30 | 30 |
| | GL20537-1 | 500 | 500 | −30～+70 | 560 | 20～30 | 3 | 30 | 30 |
| | GL20537-2 | 500 | 500 | −30～+70 | 560 | 30～50 | 5 | 30 | 30 |
| | GL20539 | 500 | 500 | −30～+70 | 560 | 50～100 | 8 | 30 | 30 |

注：1. 亮电阻：有光照时的电阻值，表中数据在光照在 10lx 时的电阻值；
　　2. 暗电阻：无光照时的电阻值。

【精讲微课】

### 2. 光敏电阻基本应用电路

常见的光敏电阻基本应用电路如图 5.18 所示，其中图(a)表示 $U_o$ 与光照变化趋势相同的电路，图(b)表示 $U_o$ 与光照变化趋势相反的电路。

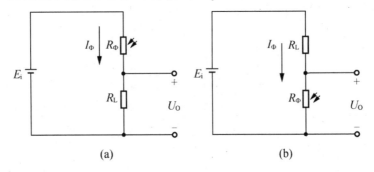

**图 5.18　光敏电阻基本应用电路**

## 项目二　光敏二极管在路灯控制器中的应用

### 【教学目标】

知识目标：学习光敏二极管、光敏三极管的基本工作原理；学会光敏二极管或三极管应用电路的工作过程分析；掌握此类应用电路设计要点。

能力目标：通过学生设计、制作和调试路灯控制器，培养学生自主学习、协作研究和解决问题的能力。

情感目标：激发学生的好奇心与求知欲，培养学生的交流合作能力和评价能力，提高学生的学习兴趣和技能技巧。

【教学重点与难点】

教学重点：路灯控制器的分析、设计和制作。

教学难点：路灯控制器的调试。

【项目分析与任务实施】

在光控电路中，除了使用光敏电阻外，也可以利用光敏二极管、光敏三极管来实现。本项目利用光敏二极管设计一个简单的控制电路，实现路灯的自动控制，从而对光敏二极管、光敏三极管的控制电路有一个基本的了解。

不管是光敏二极管还是光敏三极管，其基本原理都是将光转换成电流，所以其检测电路就是将该光电流转换成电压，从而由该电压来控制相应的控制电路，最后实现某些自动控制。

从性能指标上来看，在相同光照条件下，光敏三极管的光电流比光敏二极管的光电流要大得多，相对来说前者的性价比高于后者，所以实际应用中尽可能地选用光敏三极管。

**1. 电路原理**

如图 5.19 所示为路灯控制电路，整个电路由感光器件(此处为光敏二极管，也可用光敏三极管来代替)、整形电路、放大电路和继电器控制电路等几部分组成。

图 5.19 中 $IC_1$ 为 40106，它的引脚图如图 5.20 所示，这里它起到整形的作用，同时也可提高抗干扰的能力；$VT_1$ 为驱动三极管，实现对继电器的控制。

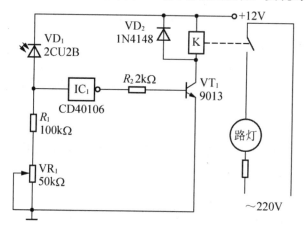

图 5.19　路灯控制电路

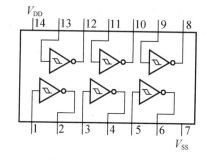

图 5.20　40106 芯片引脚图

调节 $VR_1$ 可以调节起控亮度；而 $VD_2$ 为续流二极管，起到对继电器 K 保护作用。

如图 5.19 所示，$VD_1$ 为光敏二极管，此处为反向偏置接法接法，光线较暗时，$VD_1$ 产生的光电流很小，从而 $IC_1$ 输入电压相对较小(此处为小于 3V)，此时，$IC_1$ 输出高电平(4.9V)，$VT_1$ 导通，继电器 K 得电，常开触点闭合，被控电路导通工作。

当光线逐渐增强时，$VD_1$ 中光电流逐渐增大，当 $IC_1$ 输入电压超过 3V 时，其输出电压变为低电平(0.1V)，$VT_1$ 截止，继电器 K 失电，常开触点断开，被控电路停止工作。

2. 电路制作与调试

(1) 根据电路选择合适的元器件。

(2) 制作电路板并焊接电路，也可用万能板搭建。

(3) 调试电路：电路制作完成后，适当调节 $VR_1$，改变电路的起控点，以便达到控制的要求；调节给 $VD_1$ 的光线，观察被控电器是否按设计要求工作。

3. 注意事项和问题思考

(1) 光敏二极管为控制器的感光部分，因此安装时要保证光敏二极管能顺利感受到光照的变化，并要防止干扰而产生的误动作，如树叶或其他物体的遮挡而导致传感器感受不到光的变化。

(2) 此类控制电路比较容易受外界直流光的影响，思考一下如何采用调制光的方式来避免此类影响。

(3) 电路中为什么调节 $VR_1$ 可以调节起控点呢？

【知识要点链接】

1. 光敏三极管的主要技术参数

1) 暗电流 $I_d$

在无光照的情况下，集电极与发射极间的电压为规定值时，流过集电极的反向漏电流称为光敏三极管的暗电流。

2) 光电流 $I_L$

在规定光照强度下，当施加规定的工作电压时，流过光敏三极管的电流称为光电流，光电流越大，说明光敏三极管的灵敏度越高。

3) 集电极—发射极击穿电压 $V_{CE}$

在无光照下，集电极电流 $I_c$ 为规定值时，集电极与发射极之间的电压降称为集电极—发射极击穿电压。

4) 最高工作电压 $V_{RM}$

在无光照下，集电极电流 $I_c$ 为规定允许值时，集电极与发射极之间的电压降称为最高工作电压。

5) 最大功率 $P_M$

最大功率指光敏三极管在规定条件下能承受的最大功率。

表 5-4 给出了国产光敏三极管的主要技术参数，供设计电路时参考。

表 5-4　国产光敏三极管的主要技术参数

| 参数<br>型号 | 反向击穿<br>电压 $V_{CE}$ /V | 最高工作电<br>压 $V_{RM}$ /V | 暗电流<br>$I_D$ /μA | 光电流<br>$I_L$ /mA | 峰值波<br>长 $\lambda_p$ /Å | 最大功耗<br>$P_M$ /mW | 开关时间/μs | | | | 环境温度<br>/℃ |
|---|---|---|---|---|---|---|---|---|---|---|---|
| | | | | | | | $t_r$ | $t_d$ | $t_t$ | $t_s$ | |
| 3DU11 | ≥15 | ≥10 | | | | 30 | | | | | |
| 3DU12 | ≥45 | ≥30 | ≤0.3 | 0.5~1 | 8800 | 50 | 3 | 2 | 3 | 1 | −40~125 |
| 3DU13 | ≥75 | ≥50 | | | | 100 | | | | | |

续表

| 参数 型号 | 反向击穿电压 $V_{CE}$ /V | 最高工作电压 $V_{RM}$ /V | 暗电流 $I_D$ /μA | 光电流 $I_L$ /mA | 峰值波长 $\lambda_P$ /Å | 最大功耗 $P_M$ /mW | 开关时间/μs $t_r$ | $t_d$ | $t_t$ | $t_s$ | 环境温度 /℃ |
|---|---|---|---|---|---|---|---|---|---|---|---|
| 3DU21 | ≥15 | ≥10 | | | | 30 | | | | | |
| 3DU22 | ≥45 | ≥30 | | 1～2 | | 50 | | | | | |
| 3DU23 | ≥75 | ≥50 | ≤0.3 | | | 100 | | | | | −40～125 |
| 3DU31 | ≥15 | ≥10 | | | | 30 | | | | | |
| 3DU32 | ≥45 | ≥30 | | >2.0 | | 50 | | | | | |
| 3DU33 | ≥75 | ≥50 | | | | 100 | | | | | |
| 3DU51A | ≥15 | ≥10 | | ≥0.3 | | | | | | | |
| 3DU51 | ≥15 | ≥10 | | | | | 3 | 2 | 3 | 1 | |
| 3DU52 | ≥45 | ≥30 | ≤0.2 | ≥0.5 | | 30 | | | | | −55～125 |
| 3DU53 | ≥75 | ≥50 | | | | | | | | | |
| 3DU54 | ≥45 | ≥30 | | ≥1.0 | | | | | | | |
| 3DU011 | ≥15 | ≥10 | | | | 30 | | | | | |
| 3DU012 | ≥45 | ≥30 | ≤0.3 | 0.05～0.1 | | 50 | | | | | −40～125 |
| 3DU013 | ≥75 | ≥50 | | | | 100 | | | | | |

**2. 光敏二极管的主要技术参数**

表 5-5 给出了国产光敏二极管的主要技术参数，供设计电路时参考。

表 5-5　国产光敏二极管的主要技术参数

| 参数 型号 | 最高反向电压/V | 暗电流/μA | 光电流/μA | 光灵敏度 μA/μW | 结电容/pF |
|---|---|---|---|---|---|
| 2CU1A | 10 | | | | |
| 2CU1B | 20 | ≤0.2 | ≥80 | ≥0.4 | ≤5.0 |
| 2CU1C | 30 | | | | |
| 2CU1D | 40 | | | | |
| 2CU2A | 10 | | | | |
| 2CU2B | 20 | ≤0.1 | ≥30 | ≥0.4 | ≤3.0 |
| 2CU2C | 30 | | | | |
| 2CU2D | 40 | | | | |
| 2CU5A | 10 | | | | |
| 2CU5B | 30 | | ≥10 | | ≤3.0 |
| 2CU5C | 50 | | | | |
| 2CU79 | | ≤1×10⁻² | | | |
| 2CU79A | 30 | ≤1×10⁻³ | ≥2.0 | ≥0.4 | ≤30 |
| 2CU79B | | ≤1×10⁻⁴ | | | |

续表

| 参数<br>型号 | 最高反向电压/V | 暗电流/μA | 光电流/μA | 光灵敏度μA/μW | 结电容/pF |
|---|---|---|---|---|---|
| 2CU80 | | $\leq 5 \times 10^{-2}$ | | | |
| 2CU80A | 30 | $\leq 5 \times 10^{-3}$ | $\geq 3.5$ | 0.45 | $\leq 30$ |
| 2CU80B | | $\leq 5 \times 10^{-4}$ | | | |

注：测试条件 2856K$\Omega$ 钨丝，照度为 1000lx。

**3. 光敏二极管的基本应用电路**

如图 5.21 所示为光敏二极管反偏接法，在没有光照时，由于二极管反向偏置，所以反向电流很小，这时的电流称为暗电流，相当于普通二极管的反向饱和漏电流。当光照射在二极管的 PN 结(又称耗尽层)上时，在 PN 结附近产生的电子-空穴对数量也随之增加，光电流也相应增大，光电流与照度成正比。

另外，利用反相器可将光敏二极管的输出电压转换成 TTL 电平，如图 5.22 所示。这里可以思考一下，当光照增加，$U_i < 1/2 V_{DD}$ 时，反相器翻转，输出变为什么电平？

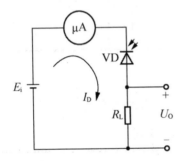

图 5.21 光敏二极管反偏接法

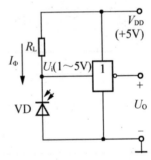

图 5.22 将光敏二极管输出电压转换成 TTL 电平接法

光敏二极管与晶体管组合应用电路如图 5.23 所示。

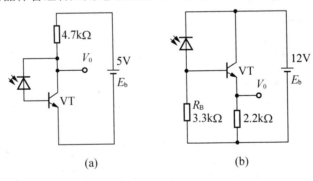

(a)          (b)

图 5.23 光敏二极管与晶体管组合应用电路

图 5.23(a)为典型的集电极输出电路形式，适用于脉冲入射光电路，输出信号与输入信号的相位相反，输出信号一般较大。

图 5.23(b)为典型的发射极输出电路形式，适用于模拟信号电路，电阻 $R_B$ 可以减小暗

电流，输出信号与输入信号的相位相同，输出信号一般较小。

光敏二极管 VD 与运放 A 组合应用电路如图 5.24 所示。

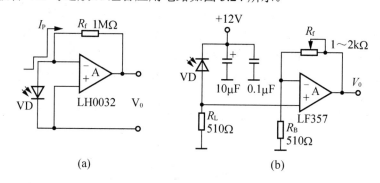

图 5.24　光敏二极管 VD 与运放 A 组合应用电路

图 5.24(a)为无偏置电路，可用于测量宽范围的入射光，响应特性比不上图 5.24(b)反向偏置电路。反向偏置电路的响应速度快，输入信号与输出信号同相位。

**4. 光敏三极管基本应用电路**

光敏三极管光控继电器电路如图 5.25 所示，图中光敏三极管的工作原理与前述光敏二极管类似，主要也是光电流的作用。这里需要特别指出一下，就是图 5.25 中的 VD 和继电器这样组合应用主要是为了保护继电器，这里的 VD 称为续流二极管，应用这种接法，然后用继电器的吸合和释放去控制后续的执行机构，就能达到控制或其他的目的了。

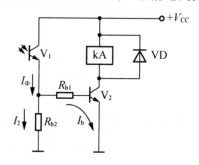

图 5.25　光敏三极管光控继电器电路

单个光敏三极管实用电路如图 5.26 所示。

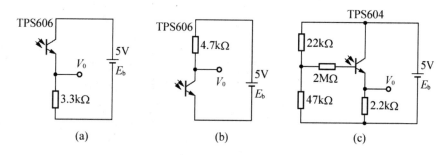

图 5.26　单个光敏三极管的实用电路

图 5.26(a)适用于脉冲光检测，图 5.26(b)适用于脉冲入射光电路，而图 5.26(c)适用于模拟光信号的测量。

光敏三极管与晶体管组合实用电路如图 5.27 所示，这种接法又称光电达林顿晶体管电路。其中图 5.27(a)为发射极输出的光电达林顿晶体管电路，其总体电路为射极跟随器；图 5.27(b)所示电路可以获得较大的光电流，能直接驱动小型继电器；图 5.27(c)为集电极输出的光电达林顿晶体管电路，总体电路为集电极跟随器，能获得较大的输出电压，入射光的相位与输出电压相反。

上述电路都能获得较大的光电流，但相应的暗电流也非常大，所以只限于低速光电开关的应用。

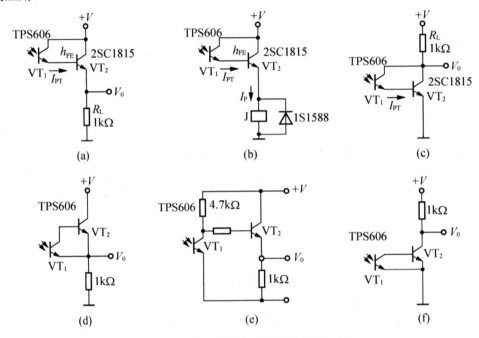

图 5.27　光敏三极管与晶体管组合实用电路

图 5.27(d)是倒置的光电达林顿晶体管电路，总体上是发射极跟随器电路；图 5.27(e)是其改进型电路，相对来说后者能获得更大的输出电压；图 5.27(f)是倒置的光电达林顿晶体管电路，总电路为集电极跟随器。

光敏三极管与 IC 组合使用时性能会有极大改善，应用电路如图 5.28 所示。

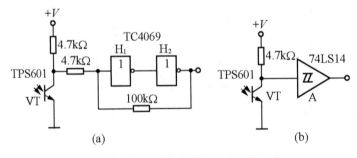

图 5.28　光敏三极管与 IC 组合使用

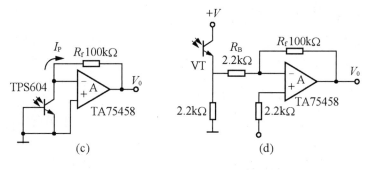

图 5.28　光敏三极管与 IC 组合使用(续图)

　　图 5.28(a)为光敏三极管与反相器组合应用电路，采用两个反相器构成施密特电路，由于施密特电路的上升特性陡峭，抗噪声能力强，多用于各种数字电路的接口电路。

　　图 5.28(b)是光敏三极管与施密特触发器的组合应用，是图 5.28(a)的简化电路，由于这里的 74LS14 的内电路具有施密特特性，对任何波形都有整形作用，故可以得到键形脉冲信号。

　　图 5.28(c)是光敏三极管作为光敏二极管的应用电路，响应特性显著改善，且通过运放的反馈电阻得到输出电压。

　　图 5.28(d)是光敏三极管与运放组合应用电路，电路中用运放放大器 V 的集电极输出电压，改变 $R_f / R_B$ 就能改变电路的增益。

　　还有其他的一些应用电路接法这里不一一赘述，具体应用中通常是选择合适的实现电路去接用。

## 5.3　光电传感器典型应用

**1. 光电管在电影放映机上的应用**

　　影片放映时，光源、胶片的声迹和光电管的位置被安放在同一条直线上，如图 5.29 所示，最终光电管接收的信号通过还原、放大后就是对应的声音信号了。

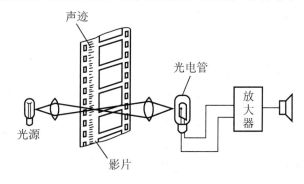

图 5.29　电影放映声迹示意图

**2. 条形码扫描笔**

条形码扫描笔在当前生活应用中是很多的，尤其是图书、相关商品等的条形码，条形码扫描笔笔头结构示意图如图 5.30 所示，对应的脉冲序列扫描结果如图 5.31 所示。

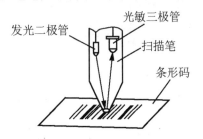

图 5.30　条形码扫描笔笔头结构

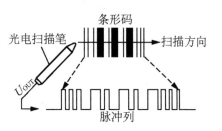

图 5.31　扫描笔输出的脉冲列

实际上黑色线条吸收发光二极管发出的光线，白色间隔反射光线，对应的光敏三极管根据信号接收到与否就会给出对应的信号，条形码扫描笔输出的脉冲列经过放大、整形后就是一串 01 代码，然后调动原先数据库中的商品存储信息，就可以完成检索或交易了。

**3. 太阳能自动跟踪接收装置**

太阳能接收装置示意图如图 5.32 所示，对应的自动跟踪控制电路如图 5.33 所示。

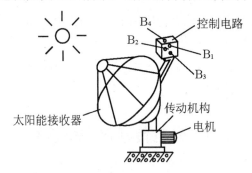

图 5.32　太阳能接收装置示意图

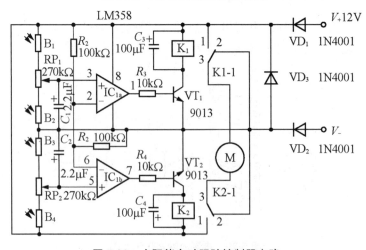

图 5.33　太阳能自动跟踪控制器电路

图 5.33 控制器采用四个光敏传感器和两个比较器,分别构成两个光控比较器控制电动机的正反转,使太阳能接收器自动跟踪太阳转动。

对控制电路,双运放 LM358 与 $R_1$、$R_2$ 构成两个比较器,光敏电阻 $B_1$、$B_2$ 与电位器 $RP_1$ 和光敏电阻 $B_3$、$B_4$ 与电位器 $RP_2$ 分别组成光敏传感器电路。为了能根据环境光线的强弱自动进行补偿,将 $B_1$ 和 $B_3$ 安装在控制电路外壳的一侧,将 $B_2$ 和 $B_4$ 安装在控制电路外壳的另一侧。

当 $B_1$、$B_2$、$B_3$ 和 $B_4$ 同时受到环境自然温度光线作用时,$RP_1$ 和 $RP_2$ 中心点电压不变。如果只有 $B_1$ 和 $B_3$ 受阳光照射,$B_1$ 内阻减小,$IC_{1a}$ 同相端电位升高,输出端输出高电位,三极管 $VT_1$ 导通,继电器 $K_1$ 工作,其触点 3 与触点 1 闭合;同时 $B_3$ 内阻减小,$IC_{1b}$ 的同相端电位下降,$K_2$ 不工作,其转换触点 3 与触点 2 仍处于闭合状态,电机 M 正向转动。

同理,如果只有 $B_2$ 和 $B_4$ 受阳光照射,继电器 $K_2$ 工作,$K_1$ 停止工作,电动机反向转动;当太阳能接收器旋转面向太阳时,此时控制电路两侧光照度相同,继电器 $K_1$、$K_2$ 同时工作,电机 M 停止转动。

### 4. 注油液位控制装置

注油液位控制装置示意图如图 5.34 所示。图 5.34 中 DF 是控制进油的电磁阀,油箱的一侧有一根可显示液位的透明玻璃管,在玻璃管上套有一个光电传感器(由指示灯泡和光敏二极管组成),它可以沿玻璃管上下移动,以设定所控注油的液位。对应的控制电路如图 5.35 所示。

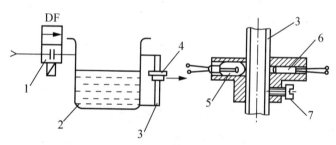

**图 5.34　注油液位控制装置示意图**

1—电磁阀;2—油箱;3—透明玻璃管;4—光电传感器;5—灯泡;6—光敏二极管;7—紧固螺钉

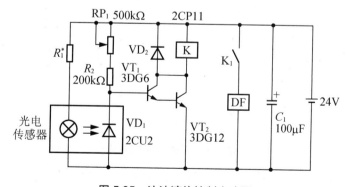

**图 5.35　注油液位控制电路图**

如图 5.35 所示，当液位低于设定的位置时，灯泡发出的光经玻璃管壁的散射，到达光敏二极管的光很微弱，光敏二极管呈较大的阻值，此时 $VT_1$ 和 $VT_2$ 导通，继电器 K 工作，其常开触点 $K_1$ 闭合，电磁阀 DF 得电工作，由关闭状态转为开启状态，油源开始向油箱注油；当液位上升超过设定的位置时，灯泡发出的光经透明玻璃管内油柱形成的透镜，使光敏二极管接收到强光，其内阻变小，电磁阀失电而关闭。

**问题思考与讨论话题：**

1．查阅相关资料，说明太阳能电池在当前各个领域的应用情况，并结合光电池的基本工作原理说明不同太阳能电池应用的工作机理。

2．查阅相关资料说明各类光电开关的具体应用、工作机理等，尤其是光电耦合开关。

3．通过查阅相关资料来说明光幕的应用和工作原理。

4．显示光电传感器应用中，经常会受到自然光(如日光灯、太阳光等)的干扰，结合所学知识说明如何做可以避免这些干扰？能否给出相对比较通用的实现电路。

5．异常报警电路：如图 5.36 所示，它用反向器构成的施密特电路捕捉 cds 的阻值变化，其输出使 555 构成的振荡器工作。电路中采用压电蜂鸣器 B 报警，它也可以识别有无光照射在 cds 上，同时通过调整电位器 RP 适应不同照度的电平。

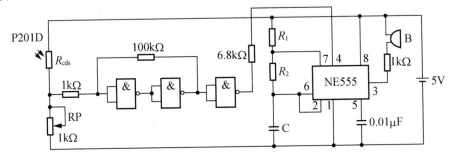

图 5.36　异常报警器电路

6．亮、暗道对应的光控电路如图 5.37 所示，试对电路的工作过程作概要的分析说明。

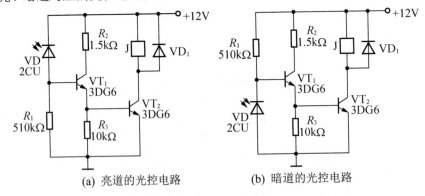

(a) 亮道的光控电路　　　　　　(b) 暗道的光控电路

图 5.37　亮、暗道对应的光控电路

7．光控开关电路如图 5.38 所示，试结合前面所学知识对电路的工作机理作必要的说明，并说明这类电路可能的应用场合。

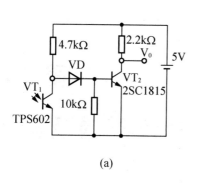

(a)

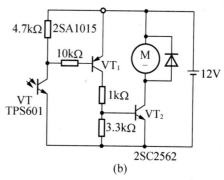

(b)

图 5.38 光控开关电路

# 第 **6** 章
# 红外传感器及其应用

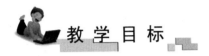

## 教 学 目 标

本部分内容主要包括"红外传感器"和"典型红外器件的项目化应用"两部分。

通过本章的学习，需了解红外线的基本特性，熟悉红外线分别作为光线和红外辐射时的原理；理解红外传感器的基本原理，熟悉不同型号的热释电传感器应用情况，学会分析红外传感器应用电路；掌握红外传感器应用电路的设计、制作和调试方法。

## 教 学 要 求

| 知识要点 | 能力要求 | 相关知识 |
|---|---|---|
| 红外传感器 | (1) 了解红外线的基本特性<br>(2) 理解热敏、光敏型红外传感器的原理 | 红外传感器基本原理 |
| 典型红外器件项目化应用 | (1) 掌握红外传感器应用电路的分析<br>(2) 掌握应用电路设计、制作和调试方法<br>(3) 熟悉红外传感器的其他应用 | (1) 热释电公共照明控制<br>(2) 红外感应烘手器电路 |

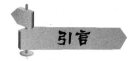

【参考图文】

　　本模块内容单独成章主要是考虑红外传感器在现实生活中各个领域应用的广泛性。通过本章的学习，了解红外线的基本特性有哪些？能列举现实生活中红外线传感器(红外探测器)的典型应用实例，学习红外探测器的不同分类、各自的工作机理和工作场合等。以"热释电红外传感器在公共照明控制开关中的应用"和"红外感应烘手器电路的组装与调试"两个项目来进一步纵深红外传感器的使用方法和制作及调试技能。

　　前面讲述的光电传感器主要侧重的是"可见光"方面的内容。从"红外线也是电磁波的一种形式"的角度考虑，红外传感器属于光电传感器的一种，它的基本应用电路与前述的均类似；但另一方面，红外线也是一种热辐射，这是我们在讲光电效应时所未曾涉及的。考虑到现实生活中红外传感器应用的广泛性和普遍性，也为了更好地区分，所以单独设置了本章。

　　红外辐射俗称红外线，它是一种不可见光，由于是位于可见光中红色光以外的光线，故称红外线，它的波长范围大致为 $0.76\sim1000\mu m$，如图 6.1 所示。工程上又把红外线所占据的波段分为四部分，即近红外、中红外、远红外和极远红外。

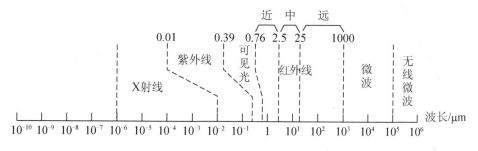

**图 6.1　光谱示意图**

　　红外辐射本质上是一种热辐射。任何物体，只要它的温度高于绝对零度($-273.16℃$)，就会向外部空间以红外线的方式辐射能量，一个物体向外辐射的能量大部分是通过红外线辐射这种形式来实现的。当达到热平衡时，物体散发和吸收的辐射一样多。物体红外辐射的强度和波长分布取决于物体的温度和辐射率等。物体的温度越高，辐射出来的红外线越多，辐射的能量就越强；另一方面，红外线被物体吸收后可以转化成热能。

　　另外，红外线作为电磁波的一种形式，和所有的电磁波一样，是以波的形式在空间直线传播的，具有电磁波的一般特性，如反射、折射、散射、干涉和吸收等。红外线在真空中传播的速度等于波的频率与波长的乘积。

## 6.1　红外传感器

　　能将红外辐射能转换为电能的装置称为红外传感器，按其工作原理可以分为热敏型和光敏型(或称光子型、量子型)两类。

热敏型将吸收的红外线转变为热能，使器件自身的温度发生变化，包括热电偶式、热电阻式和热释电式等。热敏型红外传感器响应的红外光谱范围宽，如图 6.2 中的曲线 1，能在常温下工作，价格便宜。它的响应速度和灵敏度较低。

光敏型直接把红外光能转换为电能，其工作原理是光电效应。通常需要在低温下工作，灵敏度很高，响应速度快，但响应红外光波长范围较窄(图 6.2 中曲线 2)。

红外传感器一般由光学系统、探测器、信号调理电路及显示单元等组成。红外探测器是红外传感器的核心。红外探测器是利用红外辐射与物质相互作用所呈现的物理效应来探测红外辐射的。红外探测器按探测机理的不同，分为热探测器和光子探测器两大类。

**1. 热探测器**

热探测器的工作机理：利用红外辐射的热效应，探测器的敏感元件吸收辐射能后温度升高，进而使某些有关物理参数发生相应变化，通过测量物理参数的变化来确定探测器所吸收的红外辐射。

热探测器主要优点是响应波段宽，响应范围可扩展到整个红外区域，可以在常温下工作，使用方便，且应用相当广泛。但与光子探测器相比，热探测器的探测率比光子探测器的峰值探测率低，响应时间长。

热探测器主要有四类：热释电型、热敏电阻型、热电阻型和气体型。其中，热释电型探测器在热探测器中探测率最高，频率响应最宽，所以这种探测器备受重视且发展很快，本书主要介绍热释电型探测器，其基本工作机理如图 6.3 所示。

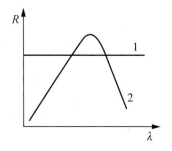

图 6.2 响应曲线

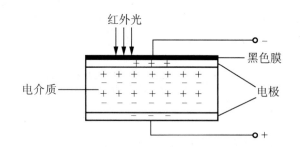

图 6.3 电介质的极化与热释电

如图 6.3 所示，当红外辐射照射到已经极化的铁电体薄片表面上时引起薄片温度升高，使其极化强度降低，表面电荷减少，这相当于释放了一部分电荷，所以叫做热释电型传感器。"铁电体"的极化强度(单位面积上的电荷)与温度有关，如图 6.4 所示。

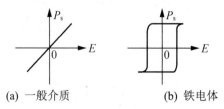

(a) 一般介质　　(b) 铁电体

图 6.4 电介质的极化矢量与所加电场的关系

如果将负载电阻与铁电体薄片相连，则负载电阻上便产生一个电信号输出。输出信号的强弱取决于薄片温度变化的快慢，从而反映出入射的红外辐射的强弱，热释电型红外传感器的电压响应率正比于入射光辐射率变化的速率。

2. 光子探测器

光子探测器的工作机理：利用入射光辐射的光子流与探测器材料中的电子互相作用，从而改变电子的能量状态，引起光子效应。根据光子效应制成的红外探测器称为光子探测器。通过光子探测器测量材料电子性质的变化，可以确定红外辐射的强弱。实际上这里所提高的光子效应与前面第三章讲到的光电效应从原理上来讲是一回事。

# 6.2　典型红外器件的项目化应用

下面通过热"热释电红外传感器在公共照明控制开关中的应用"和"红外感应烘手机电路组装和调试"两个项目化应用设计与制作来达到知识点落实和教学目标实现的要求。

## 项目一　热释电红外传感器在公共照明控制开关中的应用

【教学目标】

知识目标：学习热释电红外传感器基本工作原理、结构和特性；学会公共照明控制开关电路的分析；熟悉不同型号热释电传感器的应用情况。

能力目标：通过学生讨论、确定方案、制作和调试公共照明控制开关等过程，培养学生团队协作、自主学习和解决问题的能力。

情感目标：激发学生的好奇心与求知欲，提高学生的学习兴趣和学习主观能动性，培养学生的交流合作能力和评价能力。

【教学重点与难点】

教学重点：热释电红外传感器应用电路的分析和制作。

教学难点：公共照明控制开关的应用调试。

【项目分析与任务实施】

现实生活中，公共照明广泛地应用于各种场合，为了保证公共照明的节能效果，需要根据光照情况和人体移动来实现开关的控制。本项目主要是利用热释电红外传感器设计控制开关电路，依据人体的移动和光照来实现相关控制。即夜晚当行人走近时，照明灯自动点亮一段时间后熄灭；白天时照明灯自动停止工作。

1. 电路原理

本开关电路原理图如图 6.5 所示。

感应开关的主要元件是热释电红外探测模块 HN911L，正常时 2 端输出高电平；当检测到人体移动时，2 端输出低电平。

电路中 $C_1$ 对 220V 交流电降压，$VS_1$、$VS_2$ 对负半波旁路且对正半波消波稳压，经 $VD_1$ 整流、$C_2$ 滤波后得到 12V 直流电压。12V 电压除为三极管 $VT_1$ 提供电源外，经 $R_2$ 降压、$VS_3$

稳压、$C_3$ 滤波后得到 6V 电压，作为 $IC_1$ 电源。

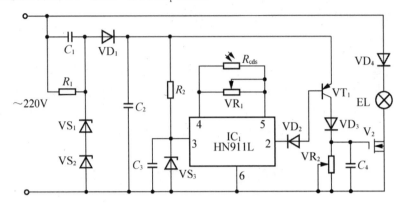

图 6.5　公共照明开关电路原理

$V_2$ 是一个 V-MOS 场效应管，它的输入阻抗极高，结在栅源间的电容充电后，电容电压可保持很长时间，在这段时间里，V-MOS 导通，电路中正是利用这一特点来达到延时功能的。

另外，电路中 $VR_1$ 为 $IC_1$ 的增益调节电阻，$VR_2$ 为照明延时时间调整电位器。$R_{cds}$ 为光敏电阻，白天受光照时，电阻很小，使 $IC_1$ 增益很低，2 引脚不输出电平；夜晚 $R_{cds}$ 电阻很大，$IC_1$ 恢复工作。

电路整个工作过程可以分为以下三个步骤。

1) 没人不亮

当 $IC_1$ 未探测到红外信号时，它的 2 引脚为高电平，此时 $VT_1$ 无基极偏置而截至，所以 $V_2$ 亦截至，照明灯 EL 不亮。

2) 有人亮灯

当有人进入探测区域时，移动人体发出的红外线被传感器接收，经 $IC_1$ 处理后，2 引脚输出低电平，$VT_1$ 导通，12V 直流电压经 $VT_1$、$VD_3$ 给电容 $C_4$ 充电，$V_2$ 迅速饱和导通，灯泡 EL 亮。

3) 亮灯延时后熄灭

人走过后，HN911L 的 2 引脚恢复高电平，$V_1$ 截至，这时 $C_4$ 放电期间仍维持 $V_2$ 继续导通；随着 $C_4$ 上电压的下降，$V_2$ 由饱和区进入放大区直至截至区，EL 亦相应地由亮逐渐变暗直至熄灭。

2. 电路制作与调试

(1) 按原理图选择并检测元器件的好坏。图 6.5 中主要电路元器件的型号或参数见表 6-1 所示。

表 6-1　电路元器件型号或参数

| 序号 | 符号 | 型号与规格 | 数量 |
| --- | --- | --- | --- |
| 1 | $IC_1$ | 热释电红外探测模块 HN911L | 1 |

续表

| 序号 | 符号 | 型号与规格 | 数量 |
|---|---|---|---|
| 2 | $VT_1$ | 三极管 9012 | 1 |
| 3 | $V_2$ | V-MOS 场效应管　BUZ358 | 1 |
| 4 | $VD_1$、　$VD_3$ | 1N4007 | 5 |
| 5 | $VD_2$ | IN4148 | 1 |
| 6 | $VD_4$ | IN5408 | 1 |
| 7 | $VS_1 \sim VS_3$ | 2CW54 | 1 |
| 8 | EL | 灯泡 220V、40W | 1 |
| 9 | $C_1 \sim C_3$ | 电容 | 4 |
| 10 | $R_{cds}$ | 光敏电阻 | 1 |
| 11 | $R_1$、　$R_2$ | 电阻 | 2 |
| 12 | $VR_1$、　$VR_2$ | 电位器 | 2 |

(2) 设计、制作、焊接电路。根据 $IC_1$ 的大小，选择焊接用电路板，将 $IC_1$ 的传感面朝外用胶水贴在电路板上，其余元件按原理图焊接，用软线与 $IC_1$ 连接。光敏元件 $R_{cds}$ 与 $IC_1$ 同样安装，以便同时受光。如要增大探测距离，可在传感器前安装菲涅耳透镜。

3. 电路调试

调试时，首先断开光敏电阻 $R_{cds}$，调整 $VR_1$，让人通过传感器旁边时灯泡点亮。接着焊接光敏电阻 $R_{cds}$，遮住光线细调 $VR_1$。然后调节 $VR_2$ 以调整灯泡发光的延迟时间。

【知识要点链接】

1. 热释电红外探测模块 HN911L

热释电红外传感器利用热释电效应制作而成。热释电效应是指某些晶体受热时其两个相对表面产生数量相等、极性相反的电荷的电极化现象，这种晶体称为热电元件。用热电元件、结型场效应管、电阻、二极管、滤光片及外壳等组成热释电红外传感器，其结构图如图 6.6 所示，它是探测人体用的红外传感器，应用于防盗报警、自动控制和非接触开关等领域。

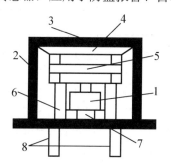

图 6.6　热释电红外传感器结构与原理

1—FET 管；2—外壳；3—窗口；4—滤光片；
5—PZT 热电元件；6—支撑环；7—电路元件；8—引脚

滤光片对于太阳和荧光灯的短波长具有高的反射率，而对人体辐射出的红外线有高的透过性。热释电红外传感器原理如图6.7所示。

常见的热释电红外传感器还有P228、LS-064、LHI958和专门用于测温的热释电红外传感器，测温范围可达－80～1500℃。

HN911是一个将热释电传感器、放大器、信号处理电路、延时电路和高低电平输出电路集成在一起的热释电红外探测模块，其应用电路如图6.8所示。正常时1端输出低电平，2端输出高电平；当检测到人体移动时，1端输出高电平，2端输出低电平。

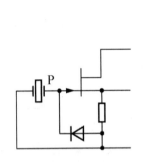

图6.7　热释电红外传感器原理

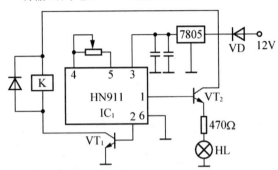

图6.8　HN911应用电路

## 2．热释电红外传感系统

以红外线为测量介质的系统称为红外传感系统。按照其功能可以分成五类，即温度计和辐射计，用于温度、辐射和光谱测量；搜索和跟踪系统，用于搜索和跟踪红外目标，确定其空间位置并对它的运动进行跟踪；热成像系统，可产生整个目标红外辐射的分布图像；红外测距和通信系统；混合系统，由以上各类系统中的两个或者多个组合而成。

典型的红外传感系统框图如图6.9所示。

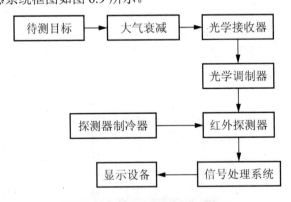

图6.9　典型的红外传感系统框图

如图6.9所示系统框图：

待测目标是指具有红外辐射特性的对象；大气衰减是指由于各种气体分子以及溶胶粒的散射和吸收，使待测目标发出的红外辐射发生衰减；光学接收器是指接收部分红外辐射并传输给红外传感器，相当于雷达天线，常用的是物镜；这里的光学调制器是指将来自待测目标的辐射调制成交变的辐射光，提供目标方位信息，并且可以滤除大面积的干扰信号，又称调制盘和斩波器；红外探测器是红外传感系统的核心，它利用红外辐射与物质相互作用所呈现出来的物理效应探测红外辐射，按照工作原理分为光敏探测器和热敏探测器两类；探测器制冷器指的是由于某些探测器必须要在低温下工作，所以相应的系统必须有制冷设备，经过制冷，探测器可以缩短响应时间，提高灵敏度；信号处理系统是指将探测的信号进行放大、滤波，并从中提取有用的信息。然后将这些信息转化为适当的格式，传送到控制设备或者显示器中；最后的显示设备是红外传感系统的终端设备，常用的有示波器、显像管、红外感光材料、指示仪器和记录仪等。

下面举几个相关应用实例简要说明一下。

1) 非接触激光红外测温仪

红外测温仪是利用热辐射体在红外波段的辐射通量来测量温度的。当物体的温度低于 1000℃时，它向外辐射的不再是可见光而是红外光了，可用红外探测器检测其温度。非接触激光红外测温仪的原理框图如图 6.10 所示。

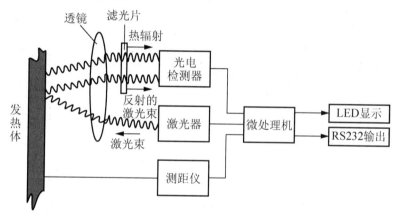

图 6.10　非接触激光红外测温仪的原理框图

2) 红外热成像

红外热像仪的工作原理如图 6.11 所示，红外热像仪将红外辐射转换成可见光进行显示，利用物体自身的红外辐射来摄取物体热辐射图像。它能通过快速扫描，精确地摄取反映被测物体温差信息的热图像。

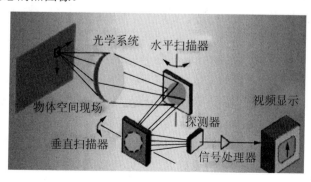

图 6.11　红外热像仪的工作原理

热像技术应用于温度分布检测、飞行器表面温度检测、无损探测、安全生产监控、夜间机场状况检测、海岸线检测、临床医学、军事等。

3) 红外线气体分析仪

红外线气体分析仪是根据气体对红外线具有选择性吸收的特性来对气体成分进行分析的。不同气体其吸收波段(吸收带)不同。从图 6.12 中可以看出，CO 气体对波长为 4.65μm 附近的红外线具有很强的吸收能力，$CO_2$ 气体则在 2.78μm 和 4.26μm 附近以及波长大于 13μm 的范围对红外线有较强的吸收能力。如分析 CO 气体，则可以利用 4.26μm 附近的吸收波段进行分析。

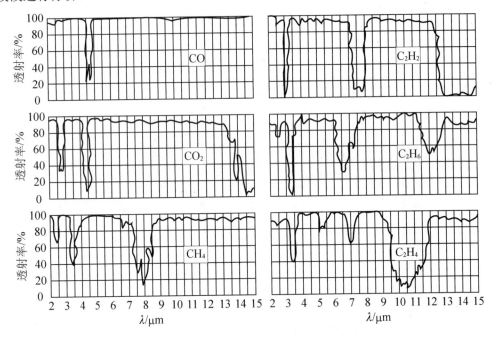

图 6.12　各种气体对红外线具有选择性吸收的特性

光源由镍铬丝通电加热发出 3～10μm 的红外线，切光片将连续的红外线调制成脉冲状的红外线，以便于红外线检测器信号的检测。如图 6.13 所示，测量气室中通入被分析气体，参比气室中封入不吸收红外线的气体(如 $N_2$ 等)。红外检测器是薄膜电容型，它有两个吸收气室，充以被测气体，当它吸收了红外辐射能量后，气体温度升高，导致室内压力增大。

测量时(如分析 CO 气体的含量)，两束红外线经反射、切光后射入测量气室和参比气室，由于测量气室中含有一定量的 CO 气体，该气体对波长为 4.65μm 附近的红外线有较强的吸收能力，而参比气室中气体不吸收红外线，这样射入红外探测器的两个吸收气室的红外线光造成能量差异，使两吸收室内压力不同，测量边的压力减小，于是薄膜偏向定片方向，改变了薄膜电容两电极间的距离，也就改变了电容 C。被测气体的浓度愈大，两束光强的差值也愈大，则电容的变化量也愈大，因此电容变化量反映了被分析气体中被测气体的浓度。

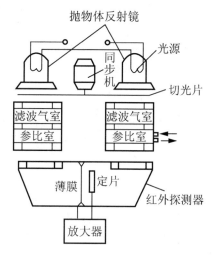

**图 6.13　红外线气体分析仪结构原理**

设置滤波气室的目的是为了消除干扰气体对测量结果的影响。所谓干扰气体，是指与被测气体吸收红外线波段有部分重叠的气体，如 CO 气体和 $CO_2$ 气体在 $4 \sim 5\mu m$ 波段内红外吸收光谱有部分重叠，则 $CO_2$ 气体的存在对分析 CO 气体带来影响，这种影响称为干扰。为此在测量边和参比边各设置了一个封有干扰气体的滤波气室，它能将与 $CO_2$ 气体对应的红外线吸收波段的能量全部吸收，因此左右两边吸收气室的红外能量之差只与被测气体(如CO)的浓度有关。

另外，红外吸收型 $CO_2$ 气体传感器的工作原理如下：红外吸收型 $CO_2$ 气体传感器是基于气体的吸收光谱随物质的不同而存在差异的原理制成的。不同气体分子化学结构不同，对不同波长的红外辐射的吸收程度就不同，因此，不同波长的红外辐射依次照射到样品物质时，某些波长的辐射能被样品物质选择吸收而变弱，产生红外吸收光谱，故当知道某种物质的红外吸收光谱时，便能从中获得该物质在红外区的吸收峰。同一种物质具有不同浓度时，在同一吸收峰位置有不同的吸收强度，吸收强度与浓度成正比。因此通过检测气体对光的波长和强度的影响，便可以确定气体的浓度。

**项目二　红外感应烘手器的组装与调试**

**【教学目标】**

知识目标：学习量子型红外传感器的基本工作原理；学会分析红外发射电路和红外接收电路的工作机理；熟悉整个红外感应烘手机电路的工作过程。

能力目标：通过学生分析、设计红外烘手机控制电路，培养学生自主学习和探究问题的能力，并通过电路组装来提高制作和调试的技能技巧。

情感目标：提高学生的学习兴趣和主观能动性，激发学生的好奇心与求知欲，培养学生的交流合作能力和评价能力。

【教学重点与难点】

教学重点：红外发射电路和红外接收电路的分析和设计。

教学难点：红外感应烘手器的组装与调试。

【项目分析与任务实施】

红外感应烘手器可以根据红外感应的情况，使继电器作出相应反应，以使烘手电动机启动或停止。红外感应烘手器主要由电源电路、红外发射电路、红外接收电路、继电器驱动电路组成。

1. 电路原理

红外感应烘手器采用电容器降压法得到所需要的电压，与用变压器相比，电容降压电源体积小、经济、可靠、效率高。对应的红外感应烘手器电路原理如图 6.14 所示。

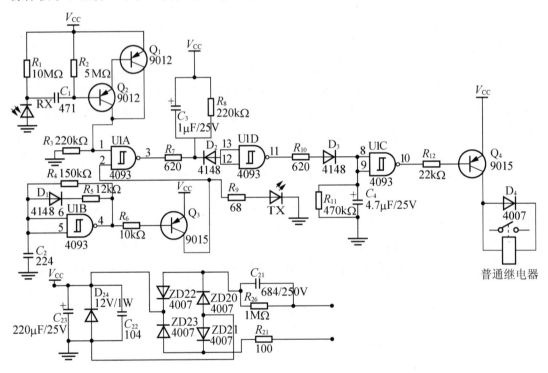

图 6.14　红外烘手器控制电路原理

在图 6.14 中，红外发射电路由 $R_4$、$R_5$、$R_6$、$R_9$、$C_2$、$D_1$、TX、U1B(CD4093)、$Q_3$ 组成；红外接收电路由 $R_1$、$R_2$、$R_3$、$C_1$、$Q_1$、$Q_2$、$R_x$ 组成；$C_4$、$R_{11}$ 组成(动作)延时电路，延时的长短由电容和电阻的大小决定；$R_{12}$、$Q_4$ 组成继电器驱动电路；$C_3$、$R_8$ 用于调整电路动作响应灵敏度，电容短时间的充放电既稳定电平信号，也起到抗干扰的作用。

如图 6.14 所示，接通 220V 的交流电后，经电容器降压得到所需要的 12V 电压，也可以直接用外接电源提供 12V 的直流电，调试过程中最好利用外接电源提供 12V 的直流电，以防触电。经外发射管 TX 发射红外线，若红外接收电路接收不到红外信号，U1A 的 1 引

脚由于 $R_3$ 的下拉作用保持低电平，无论 U1A 的 2 引脚电平为高或为低，U1A 的 3 引脚得到的信号都是高电平，经 $R_7$ 到 $D_2$，由于二极管的单向导电性，U1D 的 13 引脚、12 引脚保持高电平，U1D 的 11 引脚为低电平不变，信号经 $R_{10}$ 到 $D_3$，同理，由于二极管的单向导电性，U1C 的 8 引脚、9 引脚保持低电平不变，U1C 的 10 引脚为高电平不变，三极管 $Q_4$ 截止，继电器不动作。

当有物体靠近发射接收头前方时，红外线接收电路接收到信号，U1A 的 1 引脚和 U1A 的 2 引脚的电平信号同时为高时，U1A 的 3 引脚得到低电平信号，经 $R_7$ 到 $D_2$，由于二极管的单向导电性，电容 $C_3$ 迅速放电，U1D 的 13 引脚、12 引脚同时变为低电平，U1D 的 11 引脚翻转为高电平，信号经 $R_{10}$ 到 $D_3$，同理由于二极管的单向导电性，U1C 的 8 引脚、9 引脚变为高电平，并对电容 $C_4$ 充电，U1C 的 10 引脚翻转为低电平，三极管 $Q_4$ 导通，继电器动作，接通控制电路。当物体离开发射接收头前方时，红外线接电路接收不到信号，U1A 的 1 引脚由于 $R_3$ 的下拉作用保持低电平，无论 U1A 的 2 引脚电平为高或为低，U1A 的 3 引脚得到的信号都是高电平，经 $R_7$ 到 $D_2$，由于二极管的单向导电性，U1D 的 11 引脚、12 引脚保持高电平不变，U1D 的 13 引脚为低电平不变，信号经 $R_{10}$ 到 $D_3$，同理，由于二极管的单向导电性，由于电容 $C_4$ 的电容较大，U1C 的 8 引脚、9 引脚的电平到达足够翻转电压时，U1C 的 10 引脚翻转为高电平，三极管 $Q_4$ 截止，继电器不动作。

2. 电路制作

(1) 按原理图选择并检测元器件的好坏。

图 6.14 中主要电路元器件的型号或参数见表 6-2。

表 6-2　红外感应烘手器电路元器件型号或参数

| 序号 | 名称 | 型号或参数 | 数量 | 序号 | 名称 | 型号或参数 | 数量 |
|---|---|---|---|---|---|---|---|
| 1 | $R_1$ | 10MΩ | 1 | 17 | $C_{20}$ | 104/220 以上 | 1 |
| 2 | $R_2$ | 5MΩ | 1 | 18 | $C_{21}$ | 474/220V 以上 | 1 |
| 3 | $R_3$，$R_8$ | 220kΩ | 2 | 19 | $C_{22}$ | 104 | 1 |
| 4 | $R_4$ | 150kΩ | 1 | 20 | $C_{23}$ | 220μF | 1 |
| 5 | $R_5$ | 12kΩ | 1 | 21 | 二极管 $D_1$，$D_2$，$D_3$ | 4148 | 3 |
| 6 | $R_6$ | 10kΩ | 1 | 22 | $D_4$，$D_{20}$，$D_{21}$，$D_{22}$，$D_{23}$ | 4007 | 5 |
| 7 | $R_7$，$R_{10}$ | 620 | 2 | 23 | 稳压管 $D_{24}$ | 12V/1W | 1 |
| 8 | $R_9$ | 68 | 1 | 24 | 继电器 BLY | | 1 |
| 9 | $R_{11}$ | 470kΩ | 1 | 25 | 三极管 $Q_1$，$Q_2$ | 9012 | 2 |
| 10 | $R_{12}$ | 22kΩ | 1 | 26 | 三极管 $Q_3$，$Q_4$ | 9015 | 2 |
| 11 | $R_{20}$ | 1MΩ | 1 | 27 | 红外接收管 RX | | 1 |
| 12 | $R_{21}$ | 100/1W | 1 | 28 | 红外发射管 TX | | 1 |
| 13 | $C_1$ | 471 | 1 | 29 | $U_1$ | 4093 | 1 |

| 序号 | 名称 | 型号或参数 | 数量 | 序号 | 名称 | 型号或参数 | 数量 |
|---|---|---|---|---|---|---|---|
| 14 | $C_2$ | 224 | 1 | 30 | DIP14 座 | | 1 |
| 15 | $C_3$ | 1μF | 1 | 31 | 电路板 | | 1 |
| 16 | $C_4$ | 4.7μF | 1 | 32 | | | |

(2) 设计、制作印制电路板。

(3) 组装并焊接电路。

**3. 电路调试**

调试并实现红外感应烘手器的基本功能，包括电源电路、红外发射电路、红外接收电路、继电器驱动电路和延时电路等是否工作正常；整体电路调试，观察输出信号。

接通电源，在接收到红外信号的情况下，测试三极管 $Q_2$、$Q_3$、$Q_4$ 的 B、C、E 的电位；接通电源，在接收不到红外信号的情况下，测试三极管 $Q_2$、$Q_3$、$Q_4$ 的 B、C、E 的电位；在接收到红外信号的情况下，测试 $Q_2$ 的信号，记录波形并估计信号频率。

**4. 问题思考**

(1) 二极管 $D_4$ 和 $D_{24}$ 各起什么作用？二极管 $D_{20}$、$D_{21}$、$D_{22}$、$D_{23}$ 各起什么作用？

(2) 电容 $C_1$、$C_{23}$、$C_2$、$C_4$ 各起到什么作用？

**【知识要点链接】**

**1. 常见红外传感器的发光电路和受光电路**

**1) 红外发射电路**

常见的红外发射电路如图 6.15 所示，通常采用 555 构成的多谐振荡器来实现，使得发射的红外线按一定频率送出。555 相关知识参阅数电知识。

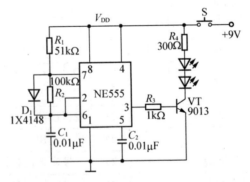

**图 6.15　555 构成的红外发射电路**

**2) 红外发光电路和受光电路**

如图 6.16 所示，常用于遥控器和光控电路等。

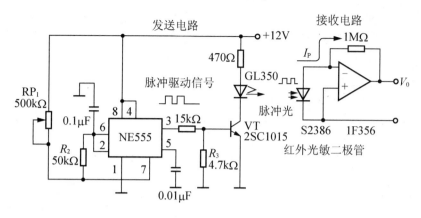

图 6.16 红外传感器发光电路和受光电路

## 2. 红外烘手机的相关电路

### 1) 红外自动干手器电路图

红外自动干手器电路如图 6.17 所示。

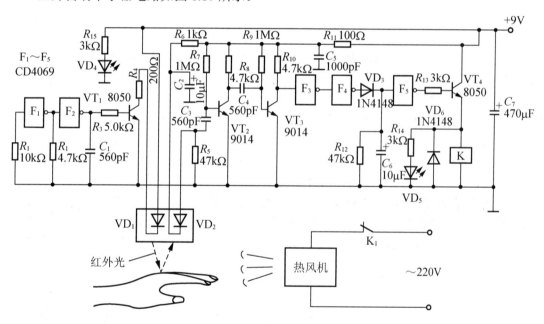

图 6.17 红外干手器电路

由图 6.17 可见，它是由一个六反相器 CD4069 组成的红外控制电路。反相器 $F_1$ 和 $F_2$、半导体三极管 $VT_1$ 及红外发射二极管 $VD_1$ 等组成红外光脉冲信号发射电路。红外光敏二极管 $VD_2$ 及后续电路组成红外光脉冲的接收、放大、整形、滤波及开关电路。

当将手放到干手器的下方 10～15cm 时，$VD_2$ 接收信号并转换成脉冲电压信号，经 $VT_2$、$VT_3$ 放大，再经反相器 $F_3$、$F_4$ 整形，并通过 $VD_3$ 向 $C_6$ 充电变为高电平，经 $F_5$ 变为低电平，使 $VT_4$ 导通，继电器得电工作，其触点 $K_1$ 闭合，接通电热风机电源，热风吹手，同时 $VD_5$

亮，告知启动。为防止人手晃动致使电路不能连续工作，电路中由 $VD_3$、$R_{12}$、$C_6$ 组成延时关机电路。当手离开光控部分时，$C_6$ 通过 $R_{12}$ 需要一段时间，因此短时间内 $C_6$ 上仍可保持高电平存在，使后级电路保持原工作状态不变，延时时间一般是 3s。

2) 红外干手器应用电路

红外干手器电路如图 6.18 所示。

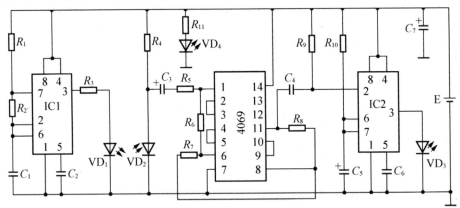

图 6.18　红外烘手器电路

由图 6.18 可见，整体电路主要单元电路包括 555 多谐振荡器电路、红外检测电路、反相器构成的施密特触发器、微分电路和 555 单稳态触发器。

红外检测电路采用脉冲式主动红外线检测电路，由红外发射二极管 $VD_1$ 和红外接收二极管 $VD_2$ 等组成。对红外线发射和接收管来说，通常用的红外发光二极管(如 SE303 白色与 PH303)，其外形和发光二极管 LED 相似，发出红外光(近红外线约 0.93μm)，管压降约 1.4V，工作电流一般小于 20mA，为了适应不同的工作电压，回路中常串有限流电阻。发射红外线去控制相应的受控装置时，其控制的距离与发射功率成正比。

反相器构成的施密特触发器是为保证单稳态触发器可靠触发，对电压放大器输出的信号进行的整形；电路中 $C_4$ 和 $R_9$ 组成微分电路，其作用是将整形电路输出的方波信号微分为触发脉冲去触发单稳态触发器；而电路中延时驱动电路采用 555 时基电路构成的单稳态触发器。

**3. 红外线传感器在"避障"、"寻迹"小车中的应用**

"避障小车"主要是应用红外线传感器的测距原理：红外测距传感器利用红外信号遇到障碍物距离的不同反射的强度也不同的原理，进行障碍物远近的检测。红外测距传感器具有一对红外信号发射与接收二极管，发射管发射特定频率的红外信号，接收管接收这种频率的红外信号，当红外信号的检测方向遇到障碍物时，红外信号反射回来被接收管接收，经过处理之后，通过数字传感器接口返回到机器人主机，机器人即可利用红外的返回信号来识别周围环境的变化。而"寻迹小车"通常是利用预设的"痕迹"白色部分反射红外光，而黑色痕迹吸收红外光，接收管接收不到红外线，通过这样信号的变化组合来达到控制目的，具体这方面的知识可查阅相关资料。

**问题思考与讨论话题：**

1．查阅资料，查找当前常用的红外线传感器型号、基本功能指标和相关参数、具体应用场合和应用注意事项等。

2．应用以前学过的电路、模电和数电等课程知识，结合前面所学的红外线传感器相关知识对下面两个应用电路作相关分析，要求叙述清楚整个工作过程。

红外防盗报警电路和红外遥控器发射电路分别如图 6.19 和图 6.20 所示。

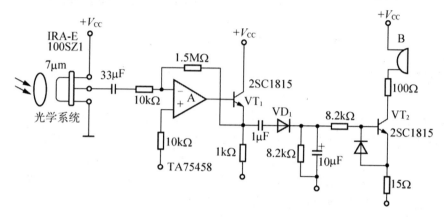

图 6.19　红外防盗报警电路

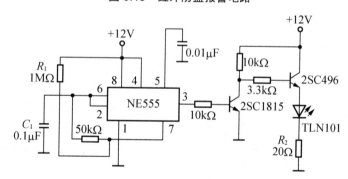

图 6.20　红外遥控器发射电路

3．查阅红外传感器发送和接收相关资料，就下列话题具体应用进行讨论：

(1) 红外线调光控制电路；

(2) 红外线遥控器电路；

(3) 红外线商品导购员；

(4) 红外线水龙头控制电路；

(5) 红外线防盗报警器；

(6) 热释电红外探测器与控制电路；

(7) 其他相关的红外传感器应用。

# 第 **7** 章

# 霍尔传感器及其应用

## 教 学 目 标

本部分内容主要包括"霍尔效应与霍尔元件"、"集成霍尔传感器的项目化应用"和"霍尔传感器的典型应用"三部分，其中项目化应用是"霍尔开关传感器在转速仪中的应用"。

通过本章的学习，理解霍尔效应的基本原理，了解霍尔传感器在现实生活中的应用情况，熟悉霍尔元件及其在应用中需要考虑的问题，掌握几种典型的集成霍尔传感器；掌握集成霍尔传感器典型应用电路的分析、设计和调试方法。

## 教 学 要 求

| 知识要点 | 能力要求 | 相关知识 |
| --- | --- | --- |
| 霍尔效应与霍尔元件 | (1) 理解霍尔效应<br>(2) 熟悉霍尔元件和集成霍尔传感器<br>(3) 了解典型应用情况 | 霍尔效应、霍尔传感器 |
| 集成霍尔传感器的项目化应用 | (1) 了解现实生活中霍尔开关的应用<br>(2) 理解霍尔传感器的工作原理<br>(3) 掌握典型应用电路的分析和设计 | 霍尔开关传感器在转速仪中的应用 |

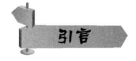

　　本章主要学习常见的几种磁电效应、了解它们各自对应的传感器和应用场合；霍尔元件的符号、基本工作原理、基本应用电路；集成霍尔传感器及其应用电路；霍尔传感器的实际应用情况等。本章的重点突显在集成霍尔传感器及其应用电路上，通过"霍尔集成开关在转速仪中的应用"这一项目来突显这一知识点，实训中主要应用集成霍尔传感器来进行应用调试。

　　简单地说，由于磁场强度的变化引起电量变化的现象，称为磁电效应。磁电效应主要有磁阻效应、形状效应和霍尔效应等。

　　半导体材料的电阻率随磁场强度的增强而变大，这种现象称为磁阻效应，利用磁阻效应制成的元件称为磁敏电阻。

　　最常见的形状效应就是前面提到过的"磁致伸缩效应"了。稀土超磁致伸缩材料是目前性能最好的超磁致伸缩材料之一，稀土超磁致伸缩材料可将电磁能转换成机械能或声能(或机械位移信息或声信息)，相反也可以将机械能(或机械位移与信息)转换成电磁能(或电磁信息)，它是重要的能量与信息转换功能材料，可用于制作大功率声呐传感器，前面的超声波传感器章节中对这块内容有所展开。

## 7.1　霍尔效应与霍尔传感器

【精讲微课】

　　如图 7.1 所示，将金属或半导体薄片置于磁感应强度为 $B$ 的磁场中，磁场方向垂直于它，当有电流 $I$ 流过它时，电子受到洛仑兹力的作用，向内侧偏移，在金属或半导体薄片的对应方向的端面之间建立起霍尔电势，也就是在垂直于电流和磁场的方向上将产生电动势 $U_H$，这种现象称为霍尔效应，这种电势称为霍尔电势，金属或半导体薄片称为霍尔元件。

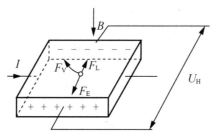

图 7.1　霍尔效应示意图

　　作用在半导体薄片上的磁场强度 $B$ 越强，霍尔电势也就越高。$B$ 垂直于薄片时，霍尔电势 $U_H$ 可用下式表示：$U_H = K_H \cdot I \cdot B$，其中 $K_H$ 为霍尔元件灵敏度，或称霍尔系数，而 $U_H$ 表示霍尔电势。

### 7.1.1 霍尔元件

**1. 基本工作原理**

霍尔元件的基本工作原理是基于"霍尔效应"的，其元件符号图如图 7.2 所示。

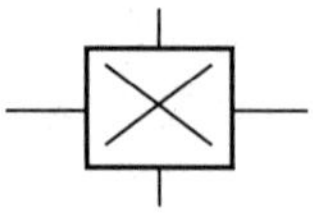

磁场不垂直于霍尔元件时的霍尔电动势：若磁感应强度 $B$ 不垂直于霍尔元件，而是与其法线成某一角度 $\theta$ 时，实际上作用于霍尔元件上的有效磁感应强度是其法线方向(与薄片垂直的方向)的分量，即

图 7.2 霍尔元件符号    $B\cos\theta$，这时的霍尔电势为

$$U_H = K_H \cdot I \cdot B \cdot \cos\theta \tag{7-1}$$

结论：霍尔电势与输入电流 $I$、磁感应强度 $B$ 成正比，且当 $B$ 的方向改变时，霍尔电势的方向也随之改变；如果所施加的磁场为交变磁场，则霍尔电势为同频率交变电势。

维持 $I$、$\theta$ 不变，则 $U_H = f(B)$，这方面的应用有测量磁场强度的高斯计、测量转速的霍尔转速表、磁性产品计数器、霍尔式角编码器以及基于微小位移测量原理的霍尔式加速度计、微压力计等。

维持 $I$、$B$ 不变，则 $U_H = f(\theta)$，这方面的应用有角位移测量仪等。

维持 $\theta$ 不变，则 $U_H = f(I \cdot B)$，即传感器的输出 $E_H$ 与 $I$、$B$ 的乘积成正比，这方面的应用有模拟乘法器、霍尔式功率计等。

目前常用的霍尔元件材料有硅(Si)、锑化铟(InSn)、砷化铟(InAs)、锗(Ge)、砷化镓(GaAs)等，其中硅是用得最多的材料，它的霍尔灵敏度、温度特性、线性度均较好。

**2. 霍尔元件的主要技术指标**

典型霍尔元件的主要技术指标见表 7-1，其中的主要技术指标含义如下。

表 7-1  典型霍尔元件的主要技术指标

| 型号 | 材料 | 控制电流/mA | 霍尔电压/mV，0.1T | 输入电阻/Ω | 输出电阻/Ω | 灵敏度/(mV/mA·T) | 不等位电势/mV | $V_H$ 温度系数/(%/℃) |
|---|---|---|---|---|---|---|---|---|
| EA218 | InAs | 100 | >8.5 | 3 | 1.5 | >0.35 | <0.5 | 0.1 |
| FA24 | InAsP | 100 | >13 | 6.5 | 2.4 | >0.75 | <1 | 0.07 |
| VHG-110 | GaAs | 5 | 5～10 | 200～800 | 200～800 | 30～220 | < $V_H$ 的20% | −0.05 |
| AG1 | Ge | 20max | >5 | 40 | 30 | >2.5 | — | −0.02 |
| MF07FZZ | InSb | 10 | 40～290 | 8～60 | 8～65 | — | ±10 | −2 |
| MF19FZZ | InSb | 10 | 80～600 | 8～60 | 8～65 | — | ±10 | −2 |
| MH07FZZ | InSb | 1V | 80～120 | 80～400 | 80～430 | — | ±10 | −0.3 |
| MH19FZZ | InSb | 1V | 150～250 | 80～400 | 80～430 | — | ±10 | −0.3 |
| KH-400A | InSb | 5 | 250～550 | 240～550 | 50～110 | 50～1100 | 10 | < −0.3 |

1) 输入电阻 $R_i$

霍尔元件两激励电流端的直流电阻称为输入电阻，它的数值从几十欧到几百欧不等，视不同型号的元件而定。

温度升高，输入电阻变小，从而使输入电流 $I$ 变大，最终引起霍尔电动势变大。为了减少这种影响，最好采用恒流源作为激励源。

2) 输出电阻 $R_{\circ}$

两个霍尔电势输出端之间的电阻称为输出电阻，它的数值与输入电阻为同一数量级。它也随温度改变而改变。

选择适当的负载电阻 $R_L$ 与之匹配，可以使由温度引起的霍尔电动势的漂移减至最小。

3) 控制电流 $I_C$

当供给霍尔元件的电压确定后，根据额定功耗可知道额定控制电流 $I_C$。由于霍尔电动势随激励电流增大而增大，故在应用中总希望选用较大的控制电流。但控制电流增大，霍尔元件的功耗增大，元件的温度升高，从而引起霍尔电动势的漂移增大，因此每种型号的元件均规定了相应的最大激励电流，一般为几毫安到几十毫安。

4) 灵敏度 $K_H$

$K_H = E_H / (IB)$，它的单位为 mV/(mA·T)，是指在单位控制电流和单位磁感应强度作用下，霍尔元件端的开路电压。

5) 最大磁感应强度 $B_M$

磁感应强度超过 $B_M$ 时，霍尔电势非线性误差明显增大。

6) 不等位电势

在额定激励电流下，当外加磁场为零时，霍尔输出端之间的开路电压称为不等位电势，单位为 mV。

7) 霍尔电势温度系数

在一定磁场强度和激励电流的作用下，温度每变化 1℃ 时霍尔电势变化的百分数称为霍尔电势温度系数。它与霍尔元件的材料有关，一般约为 0.1%/℃。在要求较高的场合，应选择低温漂的霍尔元件。

**3. 霍尔元件的测量电路**

霍尔元件的测量电路如图 7.3 所示。控制电流由电源 $E$ 供给，$R$ 用来控制改变控制电流，$R_L$ 为输出霍尔电压 $U_H$ 的负载电阻，通常它是显示仪表或放大器的输入阻抗。

由于霍尔元件的输出电压与控制电流成正比，另外输入电阻 $R_i$ 随温度而变化从而影响测量的精度，所以在实际应用中为了提高测量精度，通常采用恒流源或恒压源供电，其电路如图 7.4 所示。

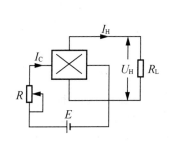

图 7.3　霍尔元件的测量电路

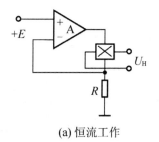

(a) 恒流工作

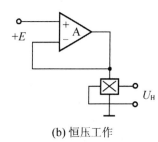

(b) 恒压工作

图 7.4　霍尔传感器实用电路

霍尔元件的输出电压一般较小，需要用放大电路放大其输出电压。为了获得较好的放大效果，通常采用差分放大电路，如图 7.5 所示。

如果测量效果仍然不能满足要求的话，可以采用仪用放大器进行放大，从而提高测量精度，减小测量误差，电路如图 7.6 所示。

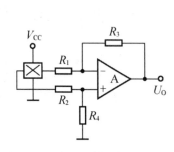

图 7.5　采用差分放大的电路

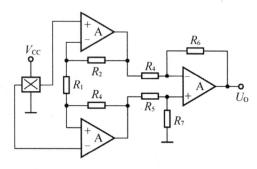

图 7.6　采用仪用放大器的放大电路

### 7.1.2　集成霍尔传感器

【精讲微课】

随着微电子技术的发展，将霍尔元件、恒流源、放大电路等电路集成到一起就构成了霍尔集成传感器，它具有体积小、灵敏度高、输出幅度大、温漂小、对电源稳定性要求低等优点。目前根据使用场合的不同，霍尔集成传感器主要有开关型和线性型两大类。

**1. 霍尔开关集成传感器**

开关型霍尔集成传感器是将霍尔元件、稳压电路、放大器、施密特触发器、OC 门等组装在同一个芯片上而构成，典型的霍尔开关集成传感器有 UGN-3020、UGN-3050 和 3144 等，这种集成传感器一般对外为三只引脚，分别是电源、地及输出端。开关型霍尔集成传感器 UGN-3020 的外形、内部结构电路和输出特性曲线如图 7.7 所示。

(a) UG-3020 外形

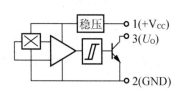

(b) UG-3020 内部结构电路

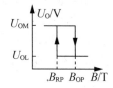

(c) UGN-3020 输出磁电特性曲线

图 7.7　开关型霍尔集成传感器 UG-3020

如图 7.7(c) 中的 UGN-3020 输出磁电特性曲线，在外磁场的作用下，当磁感应强度超过导通阈值 $B_{OP}$ 时，霍尔电路输出管导通，OC 门输出低电平。之后，$B$ 再增加，仍保持导通状态。若外加磁场的 $B$ 值降低到 $B_{RP}$ 时，输出管截止，OC 门输出高电平。我们称 $B_{OP}$ 为工作点，$B_{RP}$ 为释放点，$B_{OP} - B_{RP} = B_H$ 称为回差。回差的存在使开关电路的抗干扰能力增强。

霍尔集成开关传感器常用于接近开关、速度检测及位置检测，其典型应用电路如图 7.8 所示，电路结构非常简单，输出端通常需要接一个上拉电阻。

## 2. 霍尔线性集成传感器

霍尔线性集成传感器常用于转速测量、机械设备限位开关、电流检测与控制、保安系统、位置及角度检测等场合。霍尔线性集成传感器的输出电压与外加磁场强度的大小呈线性比例关系。霍尔线性集成传感器根据输出端的不同分为单端输出和双端输出两种，用得较多的为单端输出。单端输出的传感器是一个三端器件，它的输出电压对外加磁场的微小变化能做出线性响应，通常将输出电压用电容交连到外接放大器，将输出电压放大到较高的电平，其内部电路如图 7.9 所示。

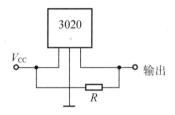

图 7.8　霍尔开关集成传感器应用电路

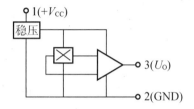

图 7.9　霍尔线性集成传感器内部电路

典型产品有 UGN-3501、SL3501T 等，它们各自的传输特性曲线如图 7.10 和图 7.11 所示。

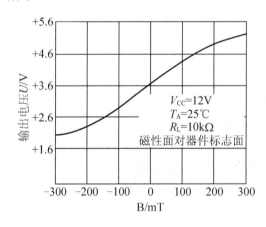

图 7.10　UGN-3501 的传输特性曲线

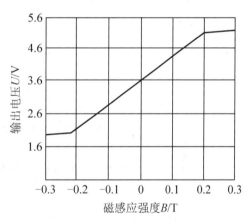

图 7.11　SL3501T 的输出特性曲线

霍尔线性集成传感器双端输出的电路结构如图 7.12 所示。

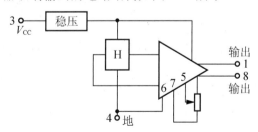

图 7.12　双端输出传感器的电路结构

双端输出的传感器是一个 8 引脚双列直插封装的器件，它可提供差动、射极跟随输出，还可提供输出失调调零，其典型产品是 SL3501M，其内部电路如图 7.13 所示。

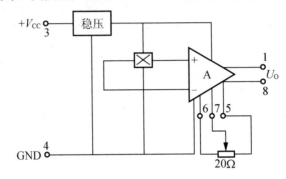

图 7.13　SL3501M 传感器的内部电路

SL3501M 传感器的输出特性曲线如图 7.14 所示。

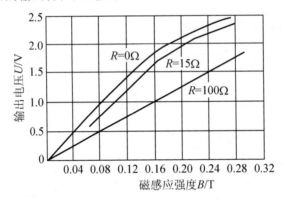

图 7.14　SL3501M 传感器的输出特性曲线

# 7.2　集成霍尔传感器的项目化应用

**霍尔开关集成传感器在转速仪中的应用**

【教学目标】

知识目标：通过本项目的学习，使学生掌握霍尔传感器的基本原理，熟悉霍尔传感器的基本特性，掌握霍尔开关集成传感器的应用电路。

能力目标：能根据应用场合选择合适的霍尔传感器，针对所测速度范围选择合适的测量方法；培养学生自主学习、探究问题和解决问题的能力。

情感目标：培养学生的交流协作能力和评价能力，提高相关技能和技巧；激发学生的好奇心与求知欲；增加学生的学习兴趣和学习主观能动性。

【教学重点与难点】

教学重点：转速仪电路的分析和设计。

教学难点：应用电路的制作与调试。

【项目分析与任务实施】

目前，用于测速的霍尔传感器主要为霍尔开关集成传感器及霍尔接近开关。在实际应用中，通常在被测旋转轴上装有铁磁材料制造的齿轮，或者在非磁性盘上安装若干个磁钢，也可利用齿轮上的缺口或凹陷部分来实现检测。

本次设计是采用国产的 SH113D 型霍尔开关集成电路来实现的，信号检测部分基本工作原理如下：当施加于传感器的磁通小于某一值时，其输出开关是断开的；否则，输出开关为导通的。利用这一特性，在被测转轴上装一非磁性转盘，并在转盘四周均匀地安装若干个磁钢(磁钢数量越多，每转一圈产生的脉冲数就越多)，每转一圈可以产生若干个脉冲信号。通过 F/V 转换电路，将传感器输出的脉冲信号转换成与之成比例的模拟电压，即可推动指针式仪表进行指示转速。

1. 电路原理

如图 7.15 所示，设计的霍尔转速仪主要由装有永久磁铁的转盘、霍尔开关集成传感器、F/V 转换电路、表头及电源几部分组成，其中电源部分没有给出。

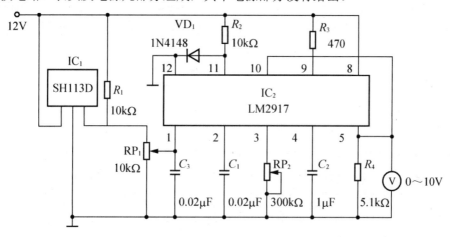

图 7.15　霍尔转速仪原理

图 7.15 中，$IC_1$ 为霍尔集成开关传感器 SH113D，被测转轴每转一圈产生 1 个脉冲信号。LM2917 为 F/V 专用转换芯片，配合外围电路构成频率/电压转换电路。被测信号经过电位器 $RP_1$ 接入 LM2917 的 1 引脚，调节 $RP_1$ 可以改变输入频率信号的幅度。12V 直流电源经过 $R_2$、二极管 $VD_1$ 分压后，向芯片内部比较器反相输入端提供 0.6V 的参考电压(即输入信号的幅度必须大于 0.6V)。$R_4$ 是输出电压的负载电阻，其取值范围是 4.3～10kΩ。0～10V 电压表接在 $R_4$ 两端，用来指示被测频率值(转速)。该电路的输出电压为

$$U_o = f \cdot V_{cc} \cdot RP_2 \cdot C_1 \tag{7-2}$$

由上式可知，在 $V_{cc}$、$RP_1$、$C_1$ 一定的情况下，输出电压 $U_o$ 只与 $f$ 成正比，$f$ 改变则 $U_o$ 也改变，根据 $U_o$ 的值即可知道 $f$ 的大小。

电路中，若电源电压取 12V，当传感器输出信号频率为 166.6Hz(即转速为最大值 9999

转/分,是测量仪的最大测速)时,表头应指示在最大值 10V 处,根据式(7-2)可得 RP2C1=5ms,若 $C_1$ 取 0.02μF,则 $RP_2$ 的值为 250kΩ,为了增加调节范围,$RP_2$ 取 300kΩ。这样,输出电压在一定范围内可调,理论上输出电压最高可达 12V。

**2. 电路制作**

(1) 根据原理图,选择合适的元器件制作电路,其中 $IC_1$ 为外接。

(2) 电路制作完成后,即可进行电路调试。

**3. 电路调试**

电路调试主要有两个内容,一是对分度进行标定;二是调节输入 $IC_2$ 的信号幅度。

**1) 分度标定**

可以进行现场调试,也可进行通过模拟装置进行。为了调试及教学方便,可以用信号发生器提供脉冲信号,模拟传感器输出信号。将信号发生器输出电缆接到 $RP_1$ 上端,调节频率调节旋钮使输出信号频率为 166.6Hz,调节 $RP_2$,使电压表指示为 10V 即可。

**2) 信号幅度调节**

调节前首先安装好传感器,将霍尔开关集成传感器的三根线与电路对应端相连,启动机器,正常情况下,电压表应指示转速。若不能指示转速或不准确,则可调节 $RP_1$ 加大输入 $IC_2$ 的信号幅度,使电压表指示稳定即可。

**4. 注意事项**

应用霍尔开关传感器测量转速,安装的位置与被测物距离视安装方式而定,一般为几到十几毫米。如图 7.16(a)所示在一圆盘上安装一磁钢,霍尔传感器则安装在圆盘旋转时磁钢经过的地方。圆盘上磁钢的数目可以为 1 个、2 个、4 个、8 个等,均匀地分布在圆盘的一面。图 7.16(b)适用于原转轴上已经有磁性齿轮的场合,此时工作磁钢固定在霍尔传感器的背面(外壳上没有打印标志的一面),当齿轮的齿顶经过传感器时,有较多的磁力线穿过传感器,霍尔集成开关传感器输出导通;而当齿谷经过霍尔开关传感器时,穿过传感器的磁力线较少,传感器输出截止,即每个齿经过传感器时产生一个脉冲信号。

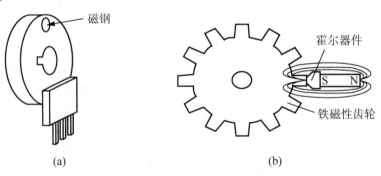

(a)                              (b)

**图 7.16   霍尔传感器安装示意图**

【知识点链接】

1. 霍尔开关集成传感接口电路

霍尔开关集成传感接口电路如图 7.17(a)、(b)、(c)、(d)、(e)、(f)所示。

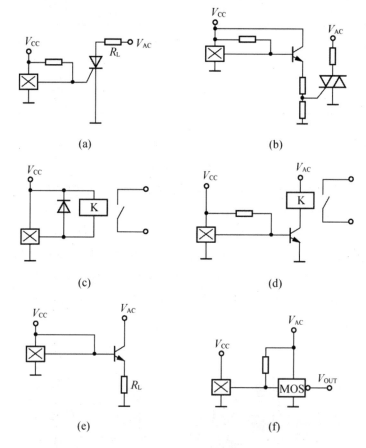

图 7.17　霍尔开关集成传感器的接口电路

2. 霍尔开关集成传感器的主要参数

霍尔开关集成传感器的型号很多，国外产常用型号主要有 UGN/UGS 系列，其主要参数见表 7-2。

表 7-2　美国产霍尔开关集成传感器的主要参数

| 型号 | 参数 | 导通磁通/mT | | 截止磁通/mT | |
|---|---|---|---|---|---|
| | | 最大值 | 典型值 | 典型值 | 最小值 |
| UGN/UGS | 3019L | 50 | 42 | 30 | 10 |
| | 3020L | 35 | 22 | 16 | 5 |
| | 3040L | 20 | 15 | 10 | 5 |

另外国产的有 SH111～SH113 型，其各有 A、B、C、D 四种类型，参数见表 7-3。

表 7-3　国产霍尔开关集成传感器的主要参数

| 型号 | 参数 | 截止电源电流/mA | 导通电源电流/mA | 输出低电平/V | 高电平输出电流/µA | 导通磁通/mT | 截止磁通/mT |
|---|---|---|---|---|---|---|---|
| SH111 SH112 SH113 | A | ≤5 | ≤8 | ≤0.4 | ≤10 | 80 | 10 |
| | B | | | | | 60 | 10 |
| | C | | | | | 40 | 10 |
| | D | | | | | 20 | 10 |

**3. 霍尔转速表**

霍尔转速表原理如图 7.18 所示。在被测转速的转轴上安装一个齿盘，也可选取机械系统中的一个齿轮，将线性型霍尔器件及磁路系统靠近齿盘，齿盘的转动使磁路的磁阻随气隙的改变而周期性地变化，霍尔器件输出的微小脉冲信号经隔直、放大、整形后可以确定被测物的转速。

如图 7.18 所示的示意图(a)，当齿轮的空挡对准霍尔元件时，磁力线较为分散地穿过霍尔元件，产生的霍尔电动势较小，所以输出为低电平；而对图 7.18(b)这种情况，当齿对准霍尔元件时，磁力线集中穿过霍尔元件，可产生较大霍尔电动势，放大、整形后输出高电平。

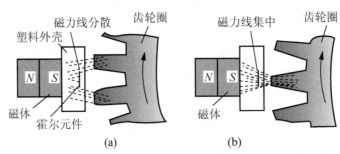

图 7.18　霍尔转速表原理

另外，霍尔转速表的其他安装方法如图 7.19 所示。

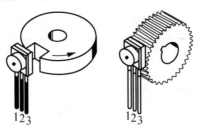

图 7.19　霍尔转速表的其他安装方法

图 7.19 中，只要黑色金属旋转体的表面存在缺口或凸起，就可产生磁场强度的脉动，从而引起霍尔电势的变化，产生转速信号。

# 7.3　霍尔传感器的典型应用

【精讲微课】

### 7.3.1　霍尔传感器在汽车电子中的应用

霍尔传感器在汽车电子中的应用非常广泛，下面主要从霍尔传感器在汽车防抱死制动系统(Antilock Brake System，ABS)和无触点汽车电子点火装置两方面的应用来说明。

**1. 霍尔转速传感器在 ABS 中的应用**

在汽车制动时，如果车轮抱死滑移，车轮与路面间的侧向附着力将完全消失。如果只是前轮(转向轮)制动到抱死滑移而后轮还在滚动，汽车将失去转向能力。如果只是后轮制动到抱死滑移而前轮还在滚动，即使受到不大的侧向干扰力，汽车也将产生侧滑(甩尾)现象。这些都极易造成严重的交通事故。因此，汽车在制动时不希望车轮制动到抱死滑移，而是希望车轮制动到边滚边滑的状态。由实验得知，汽车车轮的滑动率在 15%～20% 时，轮胎与路面间有最大的附着系数。所以为了充分发挥轮胎与路面间的这种潜在的附着能力，目前在大多数车辆上都装备了 ABS。

通常 ABS 是在普通制动系统的基础上加装车轮速度传感器、ABS 电控单元、制动压力调节装置及制动控制电路等组成的，具体组成如图 7.20 所示。

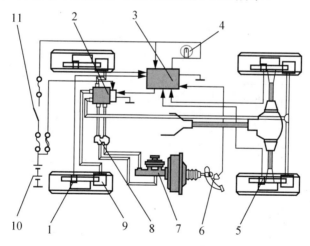

图 7.20　ABS 系统组成(分置式)

1—前轮速度传感器；2—制动压力调节装置；3—ABS 电控单元；4—ABS 报警灯；5—后轮速度传感器；
6—停车灯开关；7—制动主缸；8—比例分配阀；9—制动轮缸；10—蓄电池；11—点火开关

转速传感器的功用是检测车轮的速度，并将速度信号输入 ABS 的电控单元。图 7.21 所示为转速传感器在车轮上的安装位置。若汽车在制动时车轮被抱死，将产生危险。用霍尔转速传感器来检测车轮的转动状态有助于控制制动力的大小。

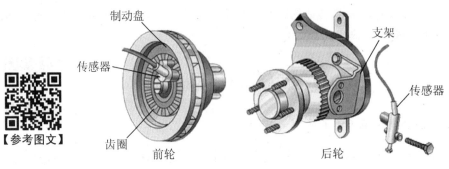

图 7.21　转速传感器在车轮上的安装位置

霍尔转速传感器具有以下优点：其一是输出信号电压幅值不受转速的影响；其二是响应频率高，其响应频率高达 20kHz，相当于车速为 1000km/h 时所检测的信号频率；其三是抗电磁波干扰能力强。因此，霍尔传感器不仅广泛应用于 ABS 轮速检测，也广泛应用于其控制系统的转速检测。

**2. 霍尔式无触点汽车电子点火装置**

汽车电子点火电路和波形如图 7.22 所示。

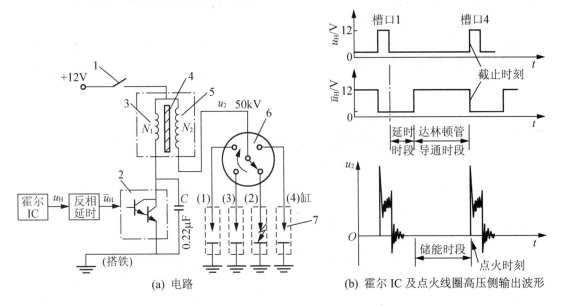

(a) 电路　　　　　(b) 霍尔 IC 及点火线圈高压侧输出波形

图 7.22　汽车电子点火电路及波形

1—点火开关；2—达林顿晶体管功率开关；3—点火线圈低压侧；
4—点火线圈铁心；5—点火线圈高压侧；6—分火头；7—火花塞

霍尔电子点火器其基本原理简单地说就是霍尔元件有磁力线通过时，则闭合接通，使霍尔电路输出低电平；当霍尔元件与磁体隔离时，电路截止，输出高电平，这个过程控制储存在点火线圈中的能量以高压放电的形式输出，放电点火。

采用霍尔式无触点电子点火装置能较好地克服汽车合金触点点火时间不准确、触点易烧坏、高速时动力不足等缺点。常见的霍尔点火装置如图 7.23 所示。

【参考图文】

图 7.23　霍尔式无触点汽车电子点火装置

### 7.3.2　霍尔式无刷电动机

　　霍尔式无刷直流电动机的外转子采用高性能钕铁硼稀土永磁材料；三个霍尔位置传感器产生六个状态编码信号，控制逆变桥各功率管的通断，使三相内定子线圈与外转子之间产生连续转矩，具有效率高、无火花、可靠性强等特点。

　　霍尔式无刷电动机取消了换向器和电刷，而采用霍尔元件来检测转子和定子之间的相对位置，其输出信号经放大、整形后触发电子线路，从而控制电枢电流的换向，维持电动机的正常运转。由于无刷电动机不产生电火花及电刷磨损等问题，所以它在录像机、CD 唱机、光驱等家用电器中得到越来越广泛的应用。

　　无刷电动机在电动自行车上的应用如图 7.24 所示，电动自行车的无刷电动机及控制电路如图 7.25 所示。

无刷
电机

【参考图文】

图 7.24　无刷电动机在电动自行车上的应用

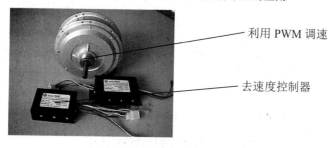

利用 PWM 调速

去速度控制器

图 7.25　电动自行车的无刷电动机及控制电路

另外，还有一些光驱用的无刷电动机，其内部结构如图 7.26 所示。

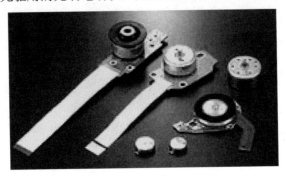

图 7.26　光驱用的无刷电动机内部结构

### 7.3.3　霍尔式接近开关

当磁铁的有效磁极接近、并达到动作距离时，霍尔式接近开关动作，霍尔接近开关一般还配一块钕铁硼磁铁。常见的霍尔式接近开关如图 7.27 所示。

【参考图文】

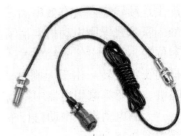

图 7.27　常见霍尔式接近开关外观图

用霍尔 IC 也能完成接近开关的功能，但是它只能用于铁磁材料的检测，并且还需要建立一个较强的闭合磁场。机械手限位控制示意图如图 7.28 所示，图中 1 表示机械手的手臂。

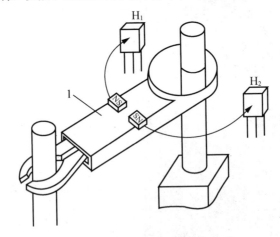

图 7.28　机械手限位控制示意图

在图 7.28 中,当磁铁随运动部件移动到距霍尔接近开关几毫米时,霍尔 IC 的输出由高电平变为低电平,经驱动电路使继电器吸合或释放,控制运动部件停止移动(否则将撞坏霍尔 IC),从而起到限位的作用。

### 7.3.4　霍尔电流表

将被测电流的导线穿过霍尔电流传感器的检测孔,当有电流通过导线时,在导线周围将产生磁场,磁力线集中在铁心内,并在铁心的缺口处穿过霍尔元件,从而产生与电流成正比的霍尔电压。测电流的各种霍尔传感器如图 7.29 所示,常见的霍尔电流表如图 7.30 所示。

图 7.29　测电流的各种霍尔电流传感器

【参考图文】

图 7.30　霍尔钳形电流表(交、直流两用)

**问题思考与讨论话题:**

1. 如图 7.31 所示,说明自动凭票供水装置的工作过程和对应传感器的工作原理。

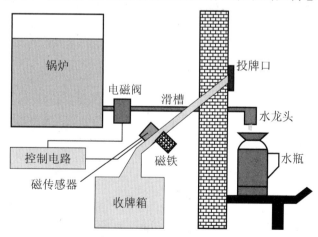

图 7.31　自动凭票供水装置

2. 查阅相关资料,并分析如图 7.32 所示磁电式传感器测量电路。

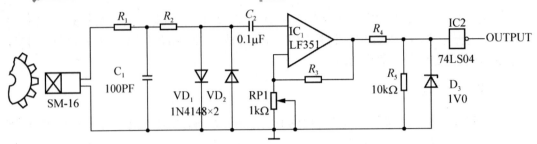

**图 7.32　磁电式传感器测量电路**

3. 查阅相关资料后说明大型投币游戏装置的传感器工作原理。

4. 查阅相关资料，列举常见的霍尔元件和相关应用电路实例，并作必要分析说明。

5. 列举霍尔传感器在汽车电子中的其他应用。

6. 磁敏二极管、三极管是继霍尔元件和磁敏电阻之后迅速发展起来的新型磁电转换元件，试说明它们的工作原理和应用场合。

7. 查找磁敏电阻应用实例，概括其在日常生活中的应用情况。

# 第**8**章
# 气敏传感器及其应用

## 教 学 目 标

　　本部分内容主要包括"半导体气敏传感器"、"气敏传感器的项目化应用"和"气敏传感器的生活应用"三大部分，其中"酒精检测模块的设计"和"可燃气体泄漏报警和控制电路的设计"两个应用项目来贯彻电路分析、设计和制作方法。

　　通过本章的学习，了解气体传感器的生活应用，理解半导体气体传感器的工作原理，熟悉半导体气体传感器应用注意事项；掌握半导体气敏传感器的检测电路，学会正确选择相应的气体传感器；熟悉应用控制的工作机理，掌握典型气体检测电路的设计与调试方法。

## 教 学 要 求

| 知识要点 | 能力要求 | 相关知识 |
|---|---|---|
| 半导体气敏传感器 | (1) 了解半导体气体传感器的生活应用<br>(2) 理解基本工作原理<br>(3) 熟悉应用注意事项 | 半导体气体传感器简介 |
| 气敏传感器的应用电路 | (1) 学会正确选用气敏传感器<br>(2) 熟悉各种气敏传感器的特点<br>(3) 掌握典型电路的分析和调试方法 | (1) 酒精检测模块的设计<br>(2) 可燃气体泄漏报警和控制电路的设计 |
| 气敏传感器的典型应用 | (1) 理解传感器的特性和技术指标<br>(2) 熟悉气敏传感器的特点<br>(3) 了解传感器基本接口电路 | (1) 实用瓦斯报警器<br>(2) 实用酒精测试仪<br>(3) 醉驾报警控制电路 |

【参考图文】

本章主要学习现实生活中应用最广的半导体气敏传感器的基本工作原理、典型应用电路和实际应用中需要注意的相关问题等。具体知识点通过"酒精检测模块的设计"和"可燃气体泄漏报警和控制电路的设计"两个设计项目来落实。

气敏传感器最早用于有毒、有害、可燃性气体的泄露检测和报警,防止意外事故的发生,保证安全生产。目前气敏传感器广泛应用于工业上天然气、煤气、石油化工等部门的易燃、易爆、有毒、有害气体的检测,并进行预报和自动控制,如防治公害方面检测污染的气体、在家庭中进行煤气泄露和火灾报警、化工生产中气体成分的检测与控制、煤矿瓦斯浓度的检测与报警、环境污染情况的监测、燃烧情况的检测与控制等。气敏传感器主要检测对象及应用场所见表8-1。

表8-1 气敏传感器主要检测对象及应用场所

| 分 类 | 检测对象气体 | 应用场合 |
|---|---|---|
| 易燃易爆气体 | 液化气、焦炉煤气、气炉煤气、天然气 | 家庭 |
| | 甲烷 | 煤矿 |
| | 氢气 | 冶金、实验室 |
| 工业气体 | 燃烧过程气体控制,调节燃/空比 | 内燃机、锅炉 |
| | 一氧化碳(防止不完全燃烧) | 内燃机、冶炼厂 |
| | 水蒸气(食品加工) | 电子灶 |
| 环境气体 | 氧气(氧气) | 地下工程、家庭 |
| | 水蒸气(调节湿度、防止结露) | 电子设备、汽车和温室等 |
| | 大气污染($SO_X$、$NO_X$、$Cl_2$等) | 工业区 |
| 其他用途 | 烟雾、司机呼出的酒精 | 火灾预防、事故报警 |

气敏传感器是一种检测特定气体并把它转换为电信号的传感器,它不但可以检测出某种气体的存在与否,还能检测气体的浓度差异,气体的浓度不同,其对应的输出信号大小也不同。

由于气体种类繁多,性质各异,所以用于气体检测的传感器也很多。按构成材料来分,气敏传感器可分为半导体和非半导体两大类;按工作原理来分,气敏传感器通常可以分为半导体气敏传感器、固体电介质式传感器、接触燃烧式气敏传感器和电化学式气敏传感器。目前使用最多的是半导体气敏传感器。

【精讲微课】

# 8.1 半导体气敏传感器

半导体气敏传感器是利用半导体气敏元件同气体接触,使得半导体器件电参数改变,从而可以检测气体的类别、浓度和成分。它是利用气体的吸附而使半导体本身的电导率发生变化这一机理来进行检测的，通常是将检测到的气体的成分和浓度转换为电阻变化，再转换为电压或电流变化。

半导体气敏传感器的敏感元件采用金属氧化物材料，它分为 N 型、P 型和混合型三种。N 型材料主要有 $TiO_2$(二氧化钛)、$SnO_2$(二氧化锡)、$Fe_2O_3$(三氧化二铁)、ZnO(氧化锌)等；P 型材料主要有 $MoO_2$(二氧化钼)、$NiO_2$(二氧化镍)、$Cu_2O$(氧化亚铜)、$Cr_2O_3$(氧化铬)等。常见的半导体气敏元件是 $SnO_2$ 金属氧化物和 $Fe_2O_3$ 金属氧化物半导体气敏元件，这类器件是通过可燃气体与传感器接触使其电阻率发生改变的原理来实现测量气体浓度的。

半导体气敏传感器检测气体时的阻值变化曲线如图 8.1 所示，在洁净大气中经过预热后的半导体气敏元件阻值处于稳定状态，其阻值会随被测气体吸附情况而发生变化。电阻值的变化规律视半导体材料而定：气体浓度增加，P 型半导体气敏元件的阻值上升，N 型半导体气敏元件的阻值下降。氧化锡类传感器可用于对甲烷、丙烷、CO、氢气、酒精、硫化氢等可燃气体进行测量。

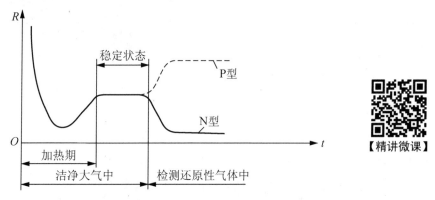

**图 8.1　半导体气敏传感器检测气体时的阻值变化曲线**

具体地，$SnO_2$ 金属氧化物半导体气敏材料属于 N 型半导体，在 200～300℃温度它吸附空气中的氧，形成氧的负离子吸附，使半导体中的电子密度减少，从而使其电阻值增加。

当遇到有能供给电子的可燃气体(如 CO 等)时，原来吸附的氧脱附，而由可燃气体以正离子状态吸附在金属氧化物半导体表面；氧脱附放出电子，可燃性气体以正离子状态吸附也要放出电子，从而使氧化物半导体导电电子密度增加，电阻值下降。可燃性气体不存在时，金属氧化物半导体又会自动恢复氧的负离子吸附，使电阻值升高到初始状态。

可以看出，电阻值的变化是伴随着金属氧化物半导体表面对气体的吸附和释放而发生的，加速这种反应通常要用加热器对气敏元件进行加热。

在实际操作中，需要保证加热的时间，同时明确一点，平时待工作的半导体气敏传感器必须处于图 8.1 中的"稳定状态"下，只有这样才能确保安全。

气敏电阻与温度的关系如图 8.2 所示，由图可见，温度的影响是非常大的，所以实际应用中如何减少温度的影响是十分重要的。

而所谓还原性气体就是在化学反应中能给出电子、化学价升高的气体。还原性气体多数属于可燃性气体，如石油蒸汽、酒精蒸汽、甲烷、乙烷、煤气、天然气、氢气等。测量还原性气体的气敏电阻一般是用 $SnO_2$、$ZnO$ 或 $Fe_2O_3$ 等金属氧化物粉料添加少量铂催化剂、激活剂及其他添加剂，按一定比例烧结而成的半导体器件。氧化性气敏传感器通常就是指测量氧浓度的传感器。

半导体气敏传感器的灵敏度特性曲线如图 8.3 所示，曲线中明显可以看出气体的种类和浓度高低是影响曲线变化的重要因素。

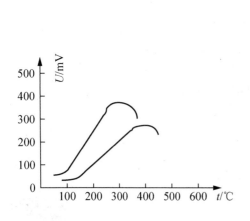

图 8.2　气敏电阻与温度的关系　　　　图 8.3　半导体气敏传感器的灵敏度特性曲线

这里需要特别指出不同半导体气敏传感器的气体选择性问题，如图 8.4 所示的酒精传感器的选择性，这种传感器尽管对不同气体都有敏感性，但是非常明显的是对酒精气体最敏感，这也是我们在实际传感器选择时的一个很重要的参考标准。

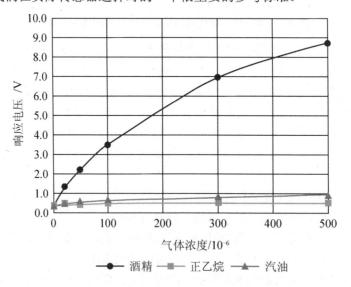

图 8.4　酒精传感器的选择性

半导体气敏传感器按半导体的物理性质又可以分为电阻型和非电阻型两种，其物理特性、材料及测量气体见表 8-2。

表 8-2　半导体气敏传感器分类

| 类型 | 测量类型 | 常见材料 | 工作温度 | 主要测量的气体 |
|---|---|---|---|---|
| 电阻型 | 表面控制型 | $SnO_2$、ZnO | 室温至 450℃ | 可燃气 |
| | 体控制型 | $La_{1-x}$、$CoO_2$、$\gamma-Fe_2O_3$、$TiO_2$、CoO、MgO、$SnO_2$ | 300℃～450℃ 700℃以上 | 乙醇、可燃气 |
| 非电阻型 | 二极管整流特性 | 铂-硫化镉、铂-氧化钛 | 室温至 200℃ | $H_2$、CO、乙醇 |
| | 晶体管特性 | 铂栅 钯栅 MOSFET | 150℃ | $H_2$、$H_2S$ |
| | 表面电位 | 氧化银 | 室温 | — |

按照半导体与气体的相互作用是在内部还是表面，可以分为表面控制型和体相控制型两大类，具体信息见表 8-3。

表 8-3　两大类型的半导体气敏传感器

| 类型 | 特性 | 常见材料 | 工作温度 | 主要检测的气体 |
|---|---|---|---|---|
| 表面控制型 | 电导率整流特性(二极管)、阈值电压(晶体管) | $SnO_2$、$Pd/SnO_2$、ZnO、Pd/ZnO、Pd/CdS、$Pd/TiO_2$、Pd/MOSFET、 | 室温～450℃ | 可燃气、$NO_2$、$H_2$、CO、乙醇、$H_2S$、$NH_3$ |
| 体相控制型 | 电导率 | $La_{1-x}$、$CoO_2$、$\gamma-Fe_2O_3$、$TiO_2$、CoO、MgO、$SnO_2$ | 300℃～450℃ | 乙醇、可燃气、$O_2$ |

# 8.2　气敏传感器的项目化应用

本项目主要是归纳常见半导体气敏传感器在检测应用中的共性特点，以酒精气体检测为例来进行模块的应用设计，并在此基础上学会此类应用的举一反三和知识拓展。

## 项目一　酒精检测模块的设计

【教学目标】

知识目标：学习典型酒精气体传感器的基本工作原理；掌握酒精气体检测电路的实际模型分析方法；掌握半导体气敏传感器应用于"气体检测"电路中的共性模型。掌握气敏传感器的特点，了解其主要参数，学会正确选用气敏传感器，并能调试相关应用电路。

能力目标：通过学生设计、制作和调试酒精气体检测电路、分压电路和电压比较器等环节，并最终形成酒精检测模块，以过程的实施来培养学生自主学习、问题探究和批判性质疑等能力。

情感目标：增加学生的学习兴趣和学习主观能动性，激发学生的好奇心与求知欲，培养学生的交流协作能力和评价能力，提高相关技能和技巧。

【教学重点与难点】

教学重点：酒精气体测量、分压和电压比较器电路的分析。

教学难点：酒精检测模块的制作与调试。

【项目分析与任务实施】

酒精的检测在现实生活中应用非常广泛，尤其是在"酒驾"和"醉驾"测试中，这里主要涉及的是酒精浓度高低。本项目的实施，主要是考虑酒精气体的浓度该如何检测，并最终给出一个适合应用处理的输出信号，后续的单片机处理或者其他实现等不作考虑。

1. 电路原理

如图 8.5 所示为典型的酒精检测电路。

电路中 MQ-3 对应 6 个引脚的这种接法是常见的，这里的 $R_1$ 所在回路这样的接法主要是为了加热考虑，$R_2$ 和 MQ-3 接成了分压电路，RP 和 U1A 接成了电压比较器电路，LED 指示灯主要是显示输出的是高电平还是低电平。

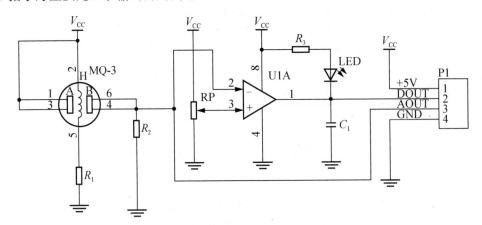

图 8.5　典型的酒精检测电路

2. 电路制作与调试

(1) 据电路选择合适的元器件。
(2) 制作电路板并焊接电路。
(3) 调试电路。

3. 问题思考和知识点拓展

(1) 思考一下如果这里的检测对象是 CO 气体或者是其他还原性气体，该如何改动相关电路？或将在此电路上作哪些相关变动后可得到所需要的气体检测电路？

(2) 此模块在实际调试中需要考虑哪些实际问题？

(3) 为什么需要考虑预热？为什么酒精直接擦在传感器表面会导致结果的不准确？

(4) 在图 8.5 的基础上构建一个此类检测的共性模型。

【知识点链接】

MQ-3 型气敏元件是以氧化锡为主体材料的 N 型半导体气敏传感器，当元件接触酒精蒸汽时，其电导率随气体浓度的增加而迅速升高。

MQ-3 主要用于酒精等有机液体蒸汽的检测，对汽油蒸汽有抗干扰能力，驱动回路简单、灵敏度高、响应速度好、寿命长、工作稳定可靠，常用于机动车驾驶人员及其他严禁酒后作业人员的现场检测；也用于其他场所酒精蒸汽的检测。

MQ-3 的外形如图 8.6 所示，对应的 6 个针状管脚中，其中 4 个用于信号的取出(即两对 A-B)，另外 2 个用于提供加热电流(通常为 H-H)。

图 8.6 MQ-3 的外形

MQ-3 酒精气体传感器的性能指标和要求等见表 8-4。

表 8-4 MQ-3 酒精气体传感器的性能指标

| 序号 | 指标名称 | 对应参数 | 序号 | 指标名称 | 对应参数 |
| --- | --- | --- | --- | --- | --- |
| 1 | 探测范围 | $10 \times 10^6 \sim 1000 \times 10^{-6}$ 酒精 | 8 | 加热电流 | ≤180mA |
| 2 | 特征气体 | $125 \times 10^{-6}$ 酒精 | 9 | 加热电压 | 5.0V±0.2V |
| 3 | 灵敏度 | 空气中的阻值/检测气体中的阻值≥5 | 10 | 加热功率 | ≤900mW |
| 4 | 敏感体电阻 | 1~20kΩ空气中 | 11 | 测量电压 | ≤24V |
| 5 | 响应时间 | ≤10s(70% Response) | 12 | 恢复时间 | ≤30s(70% Response) |
| 6 | 工作条件 | 环境温度：−20~+55℃；湿度：≤95%RH；环境含氧量：21% | 13 | 贮存条件 | 温度：−20℃~+70℃；湿度：≤70%RH |
| 7 | 加热电阻 | 31Ω±3Ω | | | |

MQ-3 酒精气体传感器的灵敏度特性曲线如图 8.7 所示，其中温度为 20℃，相对湿度为 65%RH，氧气浓度为 21%，负载电阻 $R_L = 200kΩ$，另外图中 $R_s$ 指的是元件在不同气体、不同浓度下的电阻值；$R_o$ 为元件在洁净空气中的电阻值。

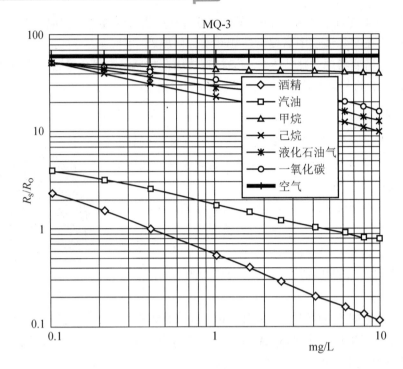

图 8.7　MQ-3 酒精气体传感器的灵敏度特性曲线

MQ-3 气敏元件的温湿度特性曲线如图 8.8 所示。

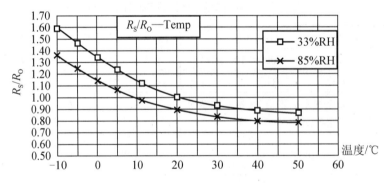

图 8.8　MQ-3 气敏元件的温湿度特性曲线

图 8.8 中，$R_o$ 表示在 20℃和 33%RH 条件下，$200 \times 10^{-6}$ 的酒精蒸气中元件的电阻；$R_s$ 表示不同温度、湿度下，$200 \times 10^{-6}$ 的酒精蒸气中元件的电阻。

## 项目二　可燃气体泄漏报警和控制电路的设计

### 【教学目标】

知识目标：掌握气敏传感器的特点，了解其主要参数，学会正确选用气敏传感器；学会分析液化气泄漏报警和控制电路的工作机理；能应用气体传感器设计一有害气体泄露报警与控制电路，并会调试电路。

能力目标：通过学生设计、制作和调试液化气泄漏报警和控制电路的过程实施，让学生学会调试此类气体传感器应用电路，并培养学生自主学习、分析问题、解决问题和批判性质疑等能力。

情感目标：激发学生的好奇心与求知欲，增加学生的学习兴趣和学习主观能动性，培养学生的交流协作能力和评价能力，提高相关制作技能和调试技巧。

【教学重点与难点】

教学重点：液化气泄漏报警和控制电路的分析。

教学难点：液化气泄漏报警和控制电路的制作与调试。

【项目分析与任务实施】

本项目主要以电阻型气体传感器为例，实现某种气体(如家用燃气)的检测与报警，并通过一定的方式(如通风)来减少该种气体的浓度，减少安全隐患。

1. 电路原理

利用 MQ-6 设计制作液化气泄露报警与控制电路，如图 8.9 所示。该报警器主要由传感器检测电路、传感器预热电路、报警与控制电路和电源电路四部分组成。

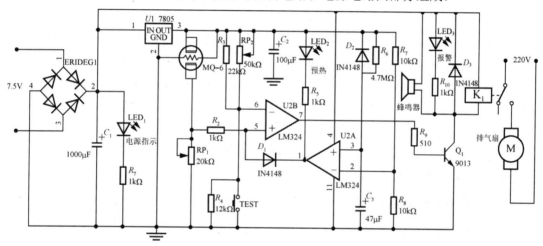

**图 8.9 可燃气体泄露报警、控制电路原理图**

传感器检测电路由 MQ−6、$RP_1$、$RP_2$、$R_2$、$R_3$、$R_4$ 及 U2B 组成，$RP_1$ 用于调节传感器的灵敏度，$RP_2$ 用于调节报警电路的起控浓度，调节 $RP_2$ 可以使 U2B 反相端电位在 2.25～5V 之间变化。

传感器预热电路由 $D_1$、$D_2$、U2A、$R_5$、$R_6$、$R_7$、$R_8$、$C_3$ 和 $LED_2$ 组成，主要是防止在接通电一段时间内传感器电路发生误动作；在接通电源的一段时间内(其延时时间可由公式 $t=R_6 C_3 \ln(1-\dfrac{U_1}{U_2})$ 来计算)，使 U2A 输出电压为 0，使 $D_1$ 导通，封锁了传感器的输出信号，防止传感器在预热阶段电路发生误动作。

另外，报警与控制电路由 $R_9$、$R_{10}$、$Q_1$、$LED_3$、$D_3$、$K_1$、蜂鸣器及排气扇组成，当

$Q_1$ 导通时，蜂鸣器、$LED_3$ 发出声光报警信号，且 $K_1$ 得电，常开触点闭合，排气扇电机得电，启动电扇，将室内空气排出，以降低气体浓度。TEST 开关用于电路测试，不管在什么状态下，只要按下 TEST 开关，U2B 就会输出较高的电压，使 $Q_1$ 导通，发出报警信号。

电源部分由 $BRIDEG_1$、$C_1$、$U_1$、$C_2$ 及 $LED_1$、$R_1$ 组成，变压器将 220V 市电降为 7.5V 的交流电压，经 $BRIGERG_1$ 和 $C_1$ 整流、滤波后得到 9V 的直流电压，一方面作为 LM324 和报警与控制电路的供电电源，另一方面经 $U_1$ 稳压后作为其他电路的电源。

如图 8.9 所示，整个电路的工作过程可描述如下：在接通电源时，预热控制电路起作用，U2A 输出电压为 0，$D_1$ 导通，使 U2B 同相端电位较低(小于反相端电位)，此时 U2B 输出电压为 0，$Q_1$ 截止，报警与控制电路不动作。经过一段时间(取决于 $R_6$ 对 $C_3$ 的充电时间)后，U2A 的同相端电压高于反相端电压，U2A 输出高电压，$D_1$ 截止，传感器检测信号可以送 U2B。此时，若被测气体浓度高于报警点，则 U2B 的同相端电位高于反相端电压，U2B 输出高电压，$Q_1$ 导通，发出声光报警信号；若被测气体浓度低于报警点，则 U2B 反相端电位高于同相端电压，U2B 输出低电压，$Q_1$ 截止，报警电路不工作。

2. 电路制作和调试

按原理图选择合适元器件，制作相关 PCB 板并焊接好电路即可，其中继电器 $K_1$ 应选择固态继电器或者密封性较好的电磁继电器。

电路制作完成后，先进行灵敏度的调节。采用标准浓度的被测气体进行调节，通过调节 $RP_1$ 使 U2B 同相端的电位高于 2.25V 即可(若是线性电路，则要求测量最大浓度时，其输出电压不高于 5V，如 $1000 \times 10^{-6}$)。灵敏度调节完成后，调节控制浓度，即当被测气体浓度达到多高时，电路会发出报警信号。将报警器置入标准浓度的被测气体，调节 $RP_2$，使电路刚好发出报警信号即可。

3. 问题思考和注意事项

(1) 为什么要设置预热电路部分？主要是基于哪些方面的考虑？

(2) $D_1$、$D_2$ 和 $D_3$ 各自的作用是什么？

(3) 如果换成检测其他气体，此电路总体是否可用？如果可用，通常需作哪些方面的考虑和参数调整？

【知识点链接】

1. MQ-6 简介

MQ-6 是一种电阻型气体传感器，MQ-6 气敏传感器引脚排列及应用电路如图 8.10 所示。在图 8.10 中，当 MQ-6 置于浓度不同的某种气体中时，其 A、B 间的敏感电阻值不同(电路连接时将两个 A 引脚接到一起，两个 B 引脚接到一起)，根据电阻值变化即可知道气体浓度。

实际测量中，通常将传感器和电阻串联实现检测，图 8.10 中的(b)为气体传感器测试电路，其中 $R_L$ 为负载电阻。由图 8.10 可知，在 $R_L$ 一定的情况下，当气体浓度不同时，传感器的敏感体电阻值改变，输出电压 $V_{out}$ 也就不同，即

$$V_{out} = \frac{R_L}{R_L + R_S} V_C$$

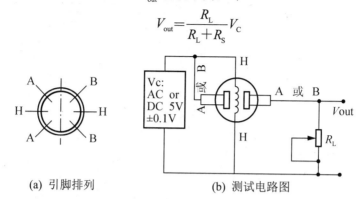

(a) 引脚排列　　　　　　　　　(b) 测试电路图

**图 8.10　MQ-6 气敏传感器引脚排列及应用电路**

图 8.11 所示为 MQ-6 型气敏传感器外形，而表 8-5 为 MQ-6 液化气传感器的主要参数。

**图 8.11　MQ-6 型气敏传感器外形**

【参考图文】

**表 8-5　MQ-6 气体传感器主要参数**

| 名称 | 参数 | 名称 | 参数 |
|---|---|---|---|
| 适用气体 | 液化气、异丁烷、丙烷 | 加热电阻 | $31\Omega \pm 3\Omega$ |
| 探测范围 | $100 \times 10^{-6} \sim 10000 \times 10^{-6}$ | 加热电流 | $\leqslant 180mA$ |
| 特征气体 | $1000 \times 10^{-6}$ 异丁烷 | 加热电压 | $5V \pm 0.2V$ |
| 灵敏度 | 空气中的阻值/检测气体中的阻值 $\geqslant 5$ | 加热功率 | $\leqslant 900mW$ |
| 响应时间 | $\leqslant 10s$ | 测量电压 | $\leqslant 24V$ |
| 敏感体电阻 | $1 \sim 20k\Omega$ in $2000 \times 10^{-6}$ 异丁烷 | 工作条件 | 环境温度：$-10 \sim 50℃$ 湿度：$\leqslant 95\%RH$ |
| 恢复时间 | $\leqslant 30s$ | 储存条件 | 温度：$-20 \sim 70℃$ 湿度：$\leqslant 70\%RH$ |

　　一般情况下，气体浓度愈高，其敏感体电阻值愈小，图 8.12 给出了 MQ-6 气体传感器灵敏度特性曲线。

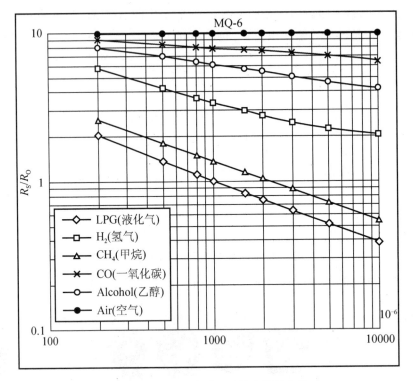

图 8.12　MQ-6 传感器灵敏度特性曲线

测试条件：温度：20℃、相对湿度：65%、氧气浓度 21% 和 $R_L = 20\text{k}\Omega$。图 8.12 中 $R_S$ 表示器件在不同气体、浓度下的电阻值，而 $R_0$ 表示器件在洁净空气中的电阻值。

2. 气敏传感器的选用原则

气敏传感器种类较多，使用范围较广，其性能差异大，在工程应用中，应根据具体的使用场合、要求进行合理选择。

1) 使用场合

气体检测主要分为工业和民用两种情况，不管是哪一种场合，气体检测的主要目的是为了实现安全生产，保护生命和财产的安全。就其应用目的而言，检测主要有三个方面：测毒、测爆和其他检测。测毒主要是检测有毒气体的浓度不能超标，以免工作人员中毒；测爆则是检测可燃气体的含量，超标则报警，避免发生爆炸事故；其他检测主要是为了避免间接伤害，如司机酒后驾车的酒精浓度检测与报警。

因一种气敏传感器对不同的气体敏感程度不同，只能对某些气体实现更好地检测，因此在实际应用中，应根据检测的气体不同选择合适的传感器。

2) 使用寿命

不同气敏传感器因其制造工艺不同，其寿命也不尽相同，针对不同的使用场合和检测对象，应选择相对应的传感器。例如，一些安装不太方便的场所，应选择使用寿命比较长的传感器。光离子传感器的寿命为 4 年左右，电化学特定气敏传感器的寿命为 1~2 年，电化学传感器的寿命取决于电解液的多少和有无，氧气传感器的寿命为 1 年左右。

3) 灵敏度与价格

灵敏度反映了传感器对被测对象的敏感程度，一般来说，灵敏度高的气敏传感器其价格也贵，在具体使用中要均衡考虑。在价格适中的情况下，尽可能地选用灵敏度高的气敏传感器。

3. MQ-N 型气敏半导体器件结构及测量电路

MQ-N 型气敏半导体器件是由塑料底座、电极引线、不锈钢网罩、气敏烧结体以及包裹在烧结体中的两组铂丝组成的。一组铂丝为工作电极，另一组(图 8.13 中左边的铂丝)为加热电极兼工作电极。气敏电阻工作时必须加热到 200～300℃，其目的是加速被测气体的化学吸附和电离的过程并烧去气敏电阻表面的污物(起清洁作用)。

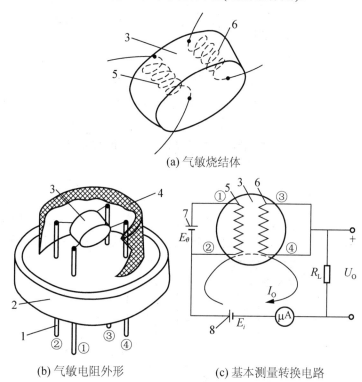

(a) 气敏烧结体

(b) 气敏电阻外形　　　(c) 基本测量转换电路

**图 8.13　MQ-N 型气敏半导体器件内部构造和基本应用电路**

1—引脚；2—塑料底座；3—烧结体；4—不锈钢网罩；5—加热电极；
6—工作电极；7—加热回路电源；8—测量回路电源

MQ-N 型气敏半导体器件内部构造和基本应用电路如图 8.13 所示。常用到的 MQ-N5 型气敏传感器的外形和带有温度补偿的应用测量电路如图 8.14 所示。

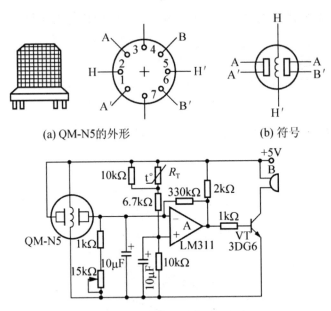

(a) QM-N5的外形　　　　(b) 符号

(c) 温湿度补偿的气体报警电路

图 8.14　MQ-N5 气敏传感器

【精讲微课】

# 8.3　气敏传感器的其他典型应用

1. 实用瓦斯报警器

如图 8.15 所示，这种实用瓦斯报警器适用于小型煤矿及家庭。具体电路由气敏元件和电位器 RP 组成气体检测电路，时基电路 555 和其外围元件组成多谐振荡器。

【精讲微课】

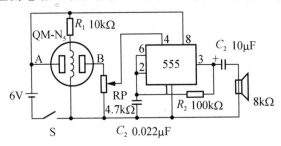

图 8.15　实用瓦斯报警器电路

如图 8.15 所示，当无瓦斯气体时，气敏元件 QM-N5 A、B 之间导电率很小，由 RP 触点输出的电压小于 0.7V，555 的 4 引脚被强行复位，振荡器处于不工作状态；当有气体时，A、B 之间导电率迅速增加，4 引脚变为高电平，振荡器工作。这里调节 RP 使报警器适应在不同气体、不同浓度环境条件下的报警。

2. 实用酒精测试仪

气敏传感器选用 TGS-812(对 CO、酒精敏感，测试汽车尾气及酒精浓度)。

　　如图 8.16 所示的应用电路，无酒精时，IC 的 5 引脚电平为低电平；当气敏传感器探测到酒精时，其内阻变低，从而使 IC 的 5 引脚电平变高，IC 根据 5 引脚的电平高低来确定依次点亮发光二极管的级数。

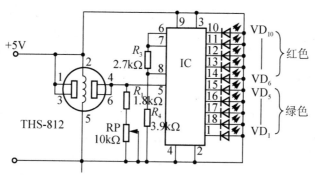

图 8.16　酒精检测报警控制器

　　5 个绿色的代表安全水平，表示酒精的含量不超过 0.05%。需要指出，采用氧化锡气敏元件(对 CO、酒精敏感)容易误判。

### 3. 醉驾报警控制电路

　　如图 8.17 所示的报警器电路采用 QM-NJ9 型酒精气敏元件，并能在驾驶人员饮酒上车后，强制切断点火电路，使车辆无法启动。

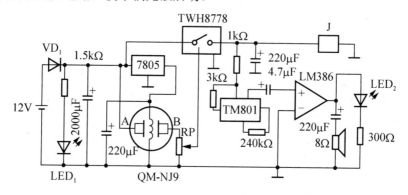

图 8.17　醉驾监控报警电路

　　报警器可安装在各种机动车辆上用来限制驾驶员酒后驾车。控制器电路主要由气敏检测电路、7805 三端稳压器(主要用来提高传感器的工作稳定性)、控制开关 TWH8778、语音报警电路 TM801、放大器 LM386 等组成。

　　QM-NJ9 型酒精气敏元件接触到酒精味后，A、B 间内阻减小，RP 输出电压升高(其电压值随酒精浓度的增大而升高)，到达 1.6V 时，TWH8778 控制开关导通，TM801 发报警语音信号，经 LM386 放大后驱动扬声器——"酒后别驾车"，同时发光二极管闪光报警，继电器 K 得电工作，切断点火电路。

**问题思考与讨论话题：**

1. 结合所学传感器原理和生活经验分析下列气敏传感器应用实例电路，注意突出对应气敏传感器的工作机理，整个电路的工作过程，自己查阅相关资料。

(1) 具有自动控排气扇和声光报警功能的报警电路(图 8.18)。

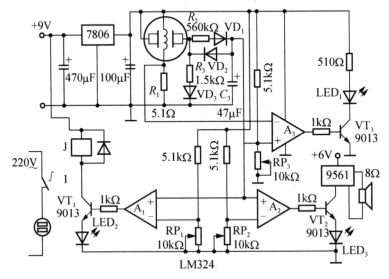

图 8.18  具有自动控排气扇和声光报警功能的报警电路

(2) 气敏传感器的线性化电路(图 8.19)。

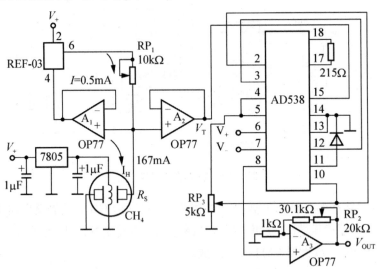

图 8.19  气敏传感器的线性化电路

(3) 家用可燃气体浓度检测报警电路(图 8.20)。

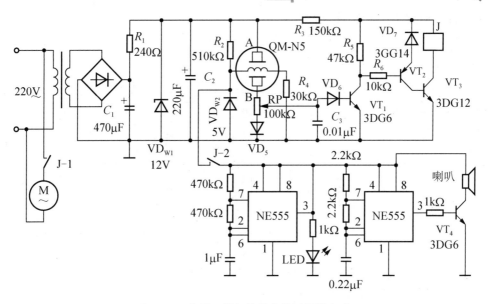

图 8.20 家用可燃气体浓度检测报警电路

(4) CO 检测换气报警自动控制电路(图 8.21)。

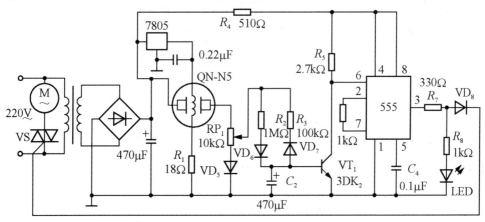

图 8.21 CO 检测换气报警自动控制电路

(5) 矿井瓦斯超限报警电路(图 8.22)。

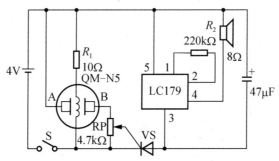

图 8.22 矿井瓦斯超限报警电路

(6) 煤气检测监控电路(图 8.23)。

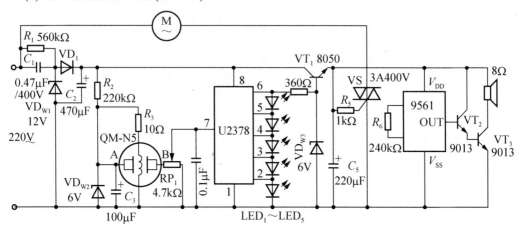

图 8.23　煤气检测监控电路

(7) 有害气体报警电路(图 8.24)。

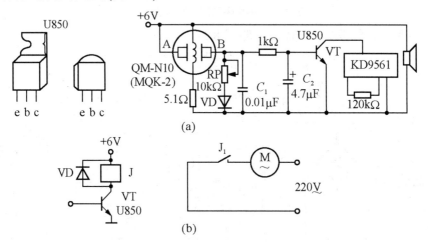

图 8.24　有害气体报警电路

(8) 瓦斯报警电路(图 8.25)。

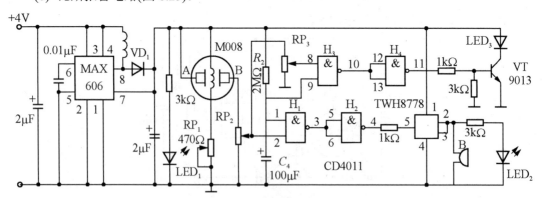

图 8.25　瓦斯报警电路

(9) 多功能厨房专用报警控制器电路(图 8.26)。

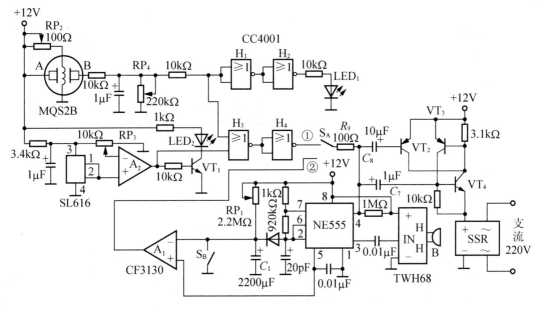

图 8.26  多功能厨房专用报警控制器电路

2．归纳、总结半导体气敏传感器气体检测电路的基本要点。

3．查阅相关资料，区分平时生活中所讲的"煤气"、"天然气"、"瓦斯"和"沼气"等，包括他们的主要成分。

4．查阅资料说明 CO 中毒和 CO 爆炸、甲醛致癌和甲醛致使白血病、瓦斯爆炸的发生条件、酒后驾车和醉驾等，进一步了解气体成分和浓度在气体传感器检测中的联系。

5．列举生活中的其他有关气体传感器应用的例子，以图文并茂形式并结合视频说明最好。

# 第 **9** 章

# 温度传感器及其应用

## 教 学 目 标

本部分内容中，首先是对热电阻(铂热电阻、铜电阻)、热敏电阻(PTC、NTC 和 CTR)和热电偶等的认识，以及它们各自基本的工作原理、测温原理和应用注意事项等；其次是介绍目前应用较多的集成温度传感器(包括模拟的和数字的两类)及其应用情况；最后以项目化的形式来说明温度传感器应用情况。

通过本章的学习，了解各种温度传感器的分类和应用场合，理解各种温度传感器的基本工作原理；熟悉热电偶的相关知识点，包括测温原理、基本应用电路和应用注意事项等；熟悉各种典型集成温度传感及其在现实生活中的应用情况；熟悉一些典型的温度传感器应用电路，学会分析和调试。

## 教 学 要 求

| 知识要点 | 能力要求 | 相关知识 |
| --- | --- | --- |
| 温度传感器 | (1) 了解温度传感器的种类和应用场合<br>(2) 理解各种温度传感器的基本工作原理<br>(3) 理解热电效应，掌握热电偶的测温原理<br>(4) 熟悉热电偶应用中需要注意的问题<br>(5) 熟悉各种典型集成温度传感器及应用 | (1) 阻式温度传感器<br>(2) 热电偶<br>(3) 集成温度传感器 |
| 典型集成温度传感器 | (1) 熟悉 DS18B20 的结构特点和应用注意事项<br>(2) 掌握典型集成温度传感器应用电路 | (1) DS18B20<br>(2) MAX6502 |
| 温度传感器的项目化应用 | (1) 熟悉测温的基本应用电路<br>(2) 理解实现测温的工作机理<br>(3) 学会分析应用电路 | (1) 阻式温度传感器测温<br>(2) 集成温度传感器测温 |

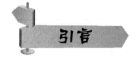

本章主要学习温度传感器，包括常见的分立元件式的温度传感器热电阻、热敏电阻、热电偶和集成温度传感器等，学习中突出工作原理、常见应用和应用注意事项等。知识的纵深上，以典型温度传感器的常见应用实例为载体来进行说明，项目设置上也有别于前面的几个章节。

温度是表征物体冷热程度的物理量，它体现了物体内部分子运动状态的特征。温度是不能直接测量的，它只能通过物体随温度变化的某些特性(如体积、长度、电阻等)来间接测量。

温度是与人类生活、工作关系最密切的，也是各门学科与工程研究设计中经常遇到和必须精确测定的物理量，在冶金、石化、塑料、发酵、孵化等行业，温度是影响生产成败和产品质量的重要工艺参数，是测量和控制的重点内容。从工业炉温、环境气温到人体温度，从空间、海洋到家用电器，各个领域都离不开测温和控温。另外有些电子产品还需对它们自身的温度进行测量，如计算机要监控 CPU 的温度，发动机控制器要知道功率驱动 IC 的温度等。

衡量温度高低的尺度称为"温度标尺"，简称温标，它规定了温度的零点和基本测量单位。目前国际上使用较多的温标是热力学温标和摄氏温标。热力学温标的单位是 K，摄氏温标的单位是℃，两者的关系为 0℃≈273.16K。

## 9.1 温度传感器

能够把温度的变化转化为电量(电压、电流或阻抗等)变化的传感器称为温度传感器。用来测量温度的传感器种类很多，常用的有热敏电阻、热电阻、PN 结、热电偶以及为简化测量电路而开发的集成温度传感器。

热电式传感器将温度变化转换成电量(电阻、电势等)。将温度变化转换为电阻变化的元件主要有热电阻和热敏电阻；将温度变化转换为电势的传感器主要有热电偶和 PN 结式传感器；将热辐射转换为电学量的器件有热电探测器、红外探测器等。常见温度传感器测温范围见表 9-1。

表 9-1 传感器的测温范围

| 传感器类型 | 测温范围 |
| --- | --- |
| 晶体温敏传感器 | $-100\sim+220℃$ |
| 热敏电阻 | $-200\sim+880℃$ |
| 集成温敏传感器 | $-55\sim+150℃$ |
| 铂电阻 | $-180\sim+600℃$，$\alpha=+0.003916/℃$ |

续表

| 传感器类型 | 测温范围 |
|---|---|
| 铜电阻 | $0\sim+200℃$，$\alpha=+0.004250/℃$ |
| 双金属片 | $0\sim+300℃$ |
| 水银温度计 | $-20\sim+350℃$ |
| 酒精温度计 | $-60\sim+100℃$ |
| 热电偶 R(铂铑-铂热电偶) | $200\sim+1400℃$ |
| 热电偶 K(镍铬-镍铝热电偶) | $0\sim+1000℃$ |
| 热电偶 E(镍铬-康铜热电偶) | $-200\sim+700℃$ |
| 热电偶 J(铁-康铜热电偶) | $0\sim+600℃$ |
| 光高温度计 | $800\sim+2000℃$ |
| 辐射温度计 | $0\sim+2000℃$ |

按测温方法不同，热电式传感器分为接触式和非接触式两种。接触式测温是基于热平衡原理，即测温敏感元件必须与被测介质接触，使两者处于平衡状态，具有同一温度，如水银温度计、热敏电阻、热电偶等。

非接触式测温是利用热辐射原理，测温的敏感元件不与被测介质接触，利用物体的热辐射随温度变化的原理测定物体温度，故又称辐射测温，如辐射温度计、红外测温仪等。

### 9.1.1　阻式温度传感器

【精讲微课】

热电阻按感温元件的材质分为导体与半导体两类其利用的是导体、半导体电阻随温度变化的特性。在导体中，当温度升高时，原子围绕其平衡位置的振动幅度增大，从而导致电子弥散程度加大，降低了电子的平均速度，电阻增大。对于绝大多数金属，具有正的温度系数，电阻随温度升高而增大。

1. 热电阻(金属)

热电阻温度传感器的原理如下：金属材料的电阻率随温度变化而变化，致使它的电阻值随温度变化而变化，并且当温度升高时阻值增大，温度降低时阻值减小。对于特定的热电阻，电阻值与温度之间可建立单值函数关系，只要测得其电阻值便可得出它的温度。目前使用较多的热电阻材料是铂、镍和铜。金属热电阻参数比较见表 9-2。

表9-2　金属热电阻参数比较

| 材料 | 铂 | 铜 | 镍 |
|---|---|---|---|
| 适用温度范围/℃ | $-200\sim+600$ | $-50\sim+150$ | $-100\sim+300$ |
| 0~100℃之间电阻温度系数平均值×$10^{-3}$(1/℃) | 3.92~3.98 | 4.25~4.28 | 6.21~6.34 |

续表

| 材料 | 铂 | 铜 | 镍 |
|------|-----|-----|-----|
| 化学稳定性 | 在氧化性介质中性能稳定，不宜在还原性介质中使用，尤其是高温下 | 超过 100℃易氧化 | 超过 180℃易氧化 |
| 温度特性 | 近于线性，性能稳定，精度高 | 近于线性 | 近于线性,性能一致性差,灵敏度高 |
| 应用 | 高精度测量，可作标准 | 适于低温、无水分、无侵蚀性介质 | 一般测量 |

1) 铂热电阻

铂热电阻与温度的关系在 0～630.74℃时：

$$R_t = R_0(1 + At + Bt^2) \tag{9-1}$$

在 -190～0℃时：

$$R_t = R_0[1 + At + Bt^2 + C(t-100)t^3] \tag{9-2}$$

式中，$R_t$ 是温度为 $t$ 时的电阻；$R_0$ 是温度为 0℃时的电阻；$t$ 为任意温度；A、B、C 为温度系数。

在式(9-1)和式(9-2)中，随着 $R_0$ 不同，$R_t$ 与 $t$ 关系也不同。铂的物理、化学性能稳定，测量精度高、电阻率较高；铂丝在 0℃以上，其电阻值与温度之间具有较好的线性度。因此铂电阻除可作为温度标准外，还广泛用于高精度的工业测量。

2) 铜热电阻

当测量精度不高，测量范围不大时，可用铜热电阻代替铂热电阻，这样可以降低成本。铜热电阻在日常生活中应用比较广泛，主要依赖于它的高性价比。

对铜热电阻来说，在 -50～+150℃时，铜电阻与温度呈线性关系:

$$R_t = R_0(1 + \alpha t) \tag{9-3}$$

式中，$\alpha = 4.25 \times 10^{-3} \sim 4.28 \times 10^{-3}/℃$，为铜热电阻的温度系数。

铜热电阻的缺点是电阻率低，体积大，热惯性大，在 100℃以上易氧化。

当前热电阻已经标准化，通常以材料和 0℃时的阻值作为标称规格，如 Pt100、Cu50。

2. 热敏电阻(半导体)

热敏电阻是由两种以上的金属氧化物如 Mn、Co、Ne、Fe 等的氧化物构成的烧结体，根据组成的不同，可以调整温度特性。

热敏电阻是利用半导体的电阻随温度变化的特性制成的测温元件。按其阻值温度系数分为正温度系数型 PTC(PTC 是电阻随温度的升高而增大的热敏电阻)、负温度系数型 NTC(NTC 是电阻随温度的升高而变小的热敏电阻)；按随温度变化的大小和变化速度分为缓变型和突变型；按受热方式分为直热式和旁热式。

各类热敏电阻外形及结构如图 9.1 所示。

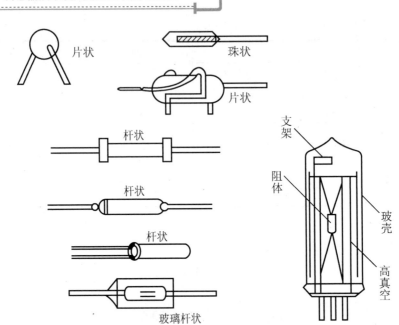

图 9.1　各类热敏电阻外形及结构

图 9.2 是各种热敏电阻的典型特征示意图。对于具有负温度系数的热敏电阻，当温度升高时，载流子数目增加，电阻降低，因而具有负温度系数。

在温度测量中，主要采用 NTC 型热敏电阻。NTC 型热敏电阻温度特性如图 9.3 所示。

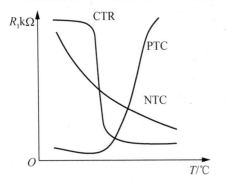

图 9.2　各种热敏电阻的典型特征示意图

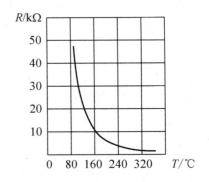

图 9.3　NTC 型热敏电阻温度特性

热敏电阻的优点如下：电阻温度系数大，灵敏度高，比一般金属电阻大 10～100 倍；结构简单，体积小，可以测量"点"温度；体积小，热惯性小，适宜动态测量；电阻率高，功耗小，导线电阻影响小，适于远距离的测量与控制。它的缺点为阻值与温度的关系呈非线性，元件的稳定性和互换性较差；需要注意自热引起的测量误差。

### 9.1.2　热电偶

**1. 基本工作原理**

【精讲微课】

热电回路是把两根不同质的导体或半导体(A 和 B)连接起来组成的一个闭合回路,它的结构如图 9.4 所示,常用的热电偶由两根不同的导线组成,他们的一端焊接在一起,叫做热端(通常称为测量端),放入到被测介质中;不连接的两个自由端叫做冷端(通常称为参比端),与测量仪表引出的导线相连。

热电偶测温系统示意图如图 9.5 所示。

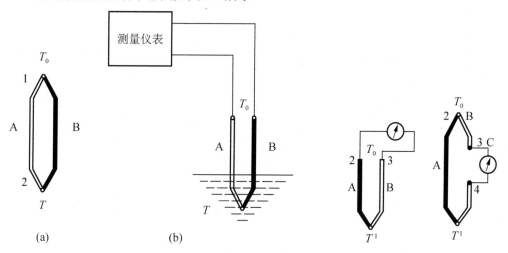

图 9.4　热电偶结构图

图 9.5　热电偶测温系统

热电势是指当两导体两个接点 1 和 2 处于不同的温度 $T$ 和 $T_0$ 时,回路中有一定的电流,表明回路中有电势产生,称为热电势。热电势由接触电动势和温差电动势两部分组成。

热电效应即为上述产生热电势的效应。

**2. 热电偶的测温原理**

当热电偶的材料均匀时,热电偶的热电势大小与电极的几何尺寸无关,仅与热电偶材料的成分和冷、热端的温差有关。当热端与冷端有温差时,测量仪表便能测出介质的温度。通常情况下,要求冷端的温度恒定,此时,热电偶的热电势就是被测介质温度的单值函数 $E_{AB}=\Phi(T)$, $T$ 为测量端温度。利用传感器的这一特性可用于测温。

**3. 热电偶应用中的相关问题**

热电偶使用温度:热电偶使用时有两种温度,一种是常用使用温度(在空气中连续使用的温度),另一种是过热使用温度(短时间内使用的温度),前者低于后者。

【精讲微课】

热电偶使用温度与线径有关,线径越粗,使用温度越高。热电偶一般装入保护管内使用,保护管有以下几种形式:金属套管热电偶、铠装热电偶和绝缘层封装热电偶。

热电偶冷端的温度补偿:由热电偶测温原理可知,只有当热电偶的冷端温度保持不变时,热电势才是被测温度的单值函数。

工程上冷端温度常采用 0℃，实际使用时，冷、热端靠得很近，冷端又暴露于空间，冷端温度易受环境温度的影响，其较难保持。通常采用以下补偿方法。

(1) 补偿导线法：一般常用导线将热电偶的冷端延伸出来，使其置于恒温环境中。

(2) 冷端温度补偿法：如冷端温度高于 0℃但恒定于 $t_0$ 时的情况，$E(T,0)＝E(T,t_0)＋E(t_0,0)$。

(3) 电桥补偿法：利用不平衡电桥产生的电势来补偿热电偶因冷端温度不在 0℃时引起的热电势变化，能随环境温度自动调节变化。

**4. 热电偶的基本应用电路**

**1) 放大电路**

热电偶的输出电压极小，其值为几十微伏每摄氏度。因此，要采用低失调电压运放进行放大，注意运放的合适选取，通常采用 OP07 来实现。

K 型热电偶的放大电路如图 9.6 所示。

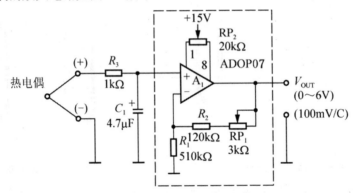

图 9.6 K 型热电偶的放大电路

**2) 线性化电路**

如图 9.7 所示，热电偶的热电势与温度呈非线性关系，因此热电偶应用时需进行线性化。通常采用多项式线性化的方法，线性化电路的关键是求平方的运算，这里不作详细介绍。常用的线性化应用电路如图 9.8 所示。

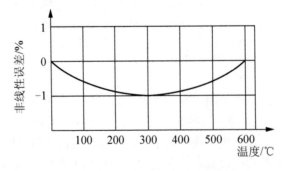

图 9.7 K 型热电偶的非线性特性曲线

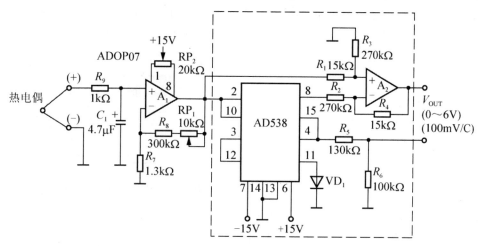

图 9.8 常用的线性化应用电路

3) 基准结点的补偿电路

热电偶的热电势与测温结点和基准结点(冷结点)的温度必须保持恒定。标准中规定基准结点的热电势为 0℃时的热电势。而基准结点保持 0℃是很容易的。

### 9.1.3 集成温度传感器

晶体二极管或三极管的 PN 结的正向导通压降称为 PN 结电压,硅管的结电压常温下约 0.7V,并且大小随温度升高而减小,温度每升高 1℃,结电压约降低 1.8~2.2mV(随个体不同而异),灵敏度高。在−50~+150℃范围内具有较好的线性,热时间常数为 0.2~2s,是廉价的温度传感器,测温范围为−50~+150℃。

【精讲微课】

集成温度传感器是将晶体管的 b~e 结作为温度敏感元件,将信号放大、调理电路甚至 A/D 转换或 U/F 转换等电路集成在一个芯片上制成的,按其输出信号的不同可分为以电压、电流、频率或周期形式输出的模拟集成温度传感器和以数字量形式输出的数字集成温度传感器。它的优点是体积小、使用简便、价格低廉、线性好、误差小,适合远距离测、控温,免调试、理想线性输出等。

集成温度传感器可分为模拟型集成温度传感器和数字型集成温度传感器。模拟型的输出信号形式有电压型和电流型两种。电压型的灵敏度多为 10mV/℃(以摄氏温度 0℃作为电压的零点),电流型的灵敏度多为 1μA/K(以绝对温度 0K 作为电流的零点)。数字型又可以分为开关输出型、并行输出型、串行输出型等几种不同的形式。

1. 模拟集成温度传感器

1) 电流输出式集成温度传感器

电流输出式集成温度传感器能产生一个与绝对温度成正比的电流作为输出,AD590、AD592、TMP17 等是电流输出式集成温度传感器的典型产品。AD590 示意图如图 9.9 所示。

AD590 电路电压转换电路如图 9.10 所示，图中增加负载电阻阻值可提高输出电压。热力学温度成正比电路转换成摄氏温度成正比电路的基本转换电路如图 9.11 所示。

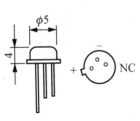

图 9.9　AD590 引脚

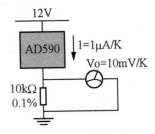

图 9.10　电流-电压转换电路(10mV/K)

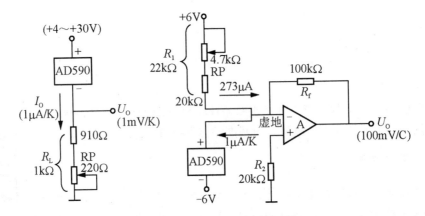

图 9.11　AD590 的基本转换电路

图 9.11 中，1mV/K 表示输出电压 $U_o$ 与热力学温度成正比，100mV/℃表示输出电压 $U_o$ 与摄氏温度成正比。

2) 电压输出式集成温度传感器

电压输出式集成温度传感器的特点是输出电压与热力学温度(或摄氏温度)成正比，电压温度系数 $K_U$ 单位是 mV/K(或 mV/℃)，典型产品有 LM334、LM35/45、TMP37 等。以热力学温度定标，灵敏度是 10mV/K。

LM35/45 构成的摄氏温度测量电路及组装成的测温传感器如图 9.12 所示。

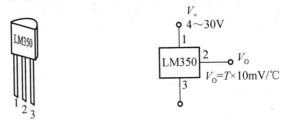

1—电源正极($V+$)；2—输出($V_0$)；3—地(GND)；

图 9.12　LM35/45 构成的摄氏温度测量电路及组装成的测温传感器

3) 频率输出式集成温度传感器

频率输出式集成温度传感器的特点是输出方波的频率与热力学温度成正比，频率温度

系数 $K_f$ 的单位是 Hz/K，典型产品是 MAX6677，以热力学温度定标。

4) 周期输出式集成温度传感器

周期输出式集成温度传感器的特点是输出方波的周期与热力学温度成正比，周期温度系数 $K_T$ 的单位是 μs/K，典型产品是 MAX6576，以热力学温度定标。

常用数字温度传感器的主要技术指标见表 9-3。

表 9-3　常用模拟集成温度传感器的主要技术指标

| 种　类 | 型　号 | 温度系数 | 最大测量<br>误差/℃ | 测量范围<br>/℃ | 电源电压<br>/V | 生产厂商 |
|---|---|---|---|---|---|---|
| 电流输出 | AD590 | 1μA/K | ±0.5 | −50～+150 | 4～30 | Harris ADI |
| | AD592 | 1μA/K | ±0.5 | −25～+105 | 4～30 | |
| 电压输出 | LM35A | 10mV/℃ | ±1.0 | −55～+150 | 4～30 | NSC |
| | LM135 | 10mV/℃ | ±1.5 | −55～+150 | 2.7～10 | |
| 周期输出 | MAX6676 | 10～6401μs/K | ±3.0 | −55～+150 | 2.7～5.5 | MAXIM |
| 频率输出 | MAX6677 | 4～1/16Hz/K | ±3.0 | −55～+150 | 2.7～5.5 | |

2. 数字集成温度传感器

数字集成温度传感器(又称智能温度传感器)内含温度传感器、A/D 转换器、存储器(或寄存器)和接口电路，采用了数字化技术，能以数据形式输出被测温度值，其测温误差小、分辨率高、抗干扰能力强，能远距离传输，具有越限温度报警功能、带串行总线接口，适配各种微处理器等优点。

按输出的串行总线类型分为单线总线(1-Wire，如 DS18B20)、二线总线(包括 SMBus、$I^2C$ 总线，如 AD7416)和四线总线(SPI 总线，如 LM15)等几种类型。

1) 数字集成温度传感器 DS18B20

温度传感器的种类众多，应用在高精度、高可靠性的场合时 DALLAS(达拉斯)公司生产的 DS18B20 温度传感器表现出较好的性能。DS18B20 内部结构主要由四部分组成：温度传感器、64 位光刻 ROM、配置寄存器、非挥发的温度报警触发器 TH 和 TL。

DS18B20 的外形及管脚排列如图 9.13 所示，对应的内部构造如图 9.14 所示。

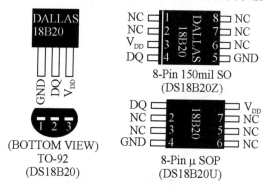

图 9.13　DS18B20 的外形及管脚排列

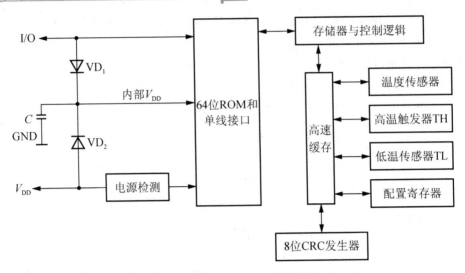

图 9.14　DS18B20 的内部构造

DS18B20 引脚定义：DQ 为数字信号输入/输出端；GND 为电源地；$V_{DD}$ 为外接供电电源输入端(在寄生电源接线方式时接地)。

基于 DS18B20 的数字温度计硬件连接接口设计如图 9.15 所示。

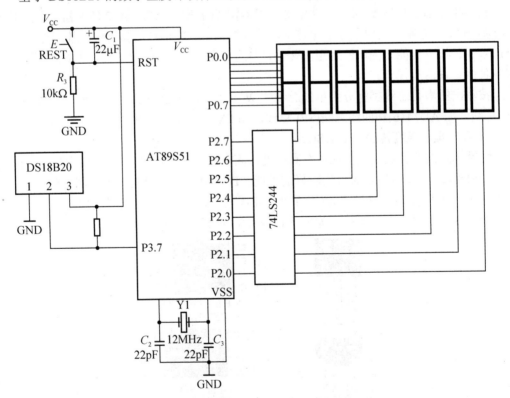

图 9.15　DS18B20 与单片机的硬件接口设计

图 9.15 中，DSl8B20 采用外接电源方式，其 $V_{DD}$ 端用 3～5.5V 电源供电。单片机直接

驱动 LED，其中 P0 口作段码驱动，P2 口作位码驱动。DS18B20 与单片机的软件接口设计：数字温度计的软件包括主程序、DSl8B20 读写程序和显示程序。

2) 数字集成温度传感器 MAX6502

MAX6502 用于控制散热风扇的转速，如图 9.16 所示。

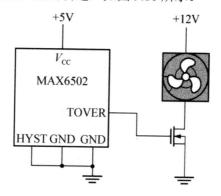

**图 9.16　MAX6502 用于控制散热风扇的转速**

图 9.16 中，场效应管负责功率驱动，当 CPU 进行复杂运算时，风扇处于全速运行。典型数字集成温度传感器的主要技术指标见表 9-4。

**表 9-4　常用数字集成温度传感器的主要技术指标**

| 型　号 | 最大测量误差/℃ | 测量范围/℃ | 电源电压/V | 总线类型 | 生产厂商 |
|---|---|---|---|---|---|
| DS18B20 | ±0.5 | −55～+125 | 3.0～5.5 | 1—Wire | DALLAS |
| DS1624 | ±0.5 | −55～+125 | 3.0～5.0 | I2C 总线 | |
| AD7416 | ±2.0 | −55～+125 | 2.7～5.5 | I2C 总线 | ADI |
| AD7814 | ±2.0 | −55～+125 | 2.7～5.5 | SPI 总线 | |
| LM74 | ±3.0 | −55～+125 | 3.0～5.0 | SPI 总线 | NSC |
| LM75 | ±3.0 | −25～+100 | 3.0～5.0 | I2C 总线 | |
| MAX6625 | ±3.0 | −55～+125 | 3.0～5.5 | I2C 总线 | MAXIM |

# 9.2　温度传感器项目化应用

现实生活和生产过程中，集成温度传感器的应用越来越广泛。本章节涉及的有关温度传感器的应用设计实现由读者自己来做，这里仅给出一些常见的应用电路和需要注意的事项。

## 1. 以热敏电阻为温度传感器的测温电路

如图 9.17 所示，由固定电阻 $R_1$、$R_2$ 和热敏电阻 RT 及 $R_3$+VR$_1$ 构成测温电桥，把温度的变化转化成微弱的电压变化；再由运算放大器 LM358 进行差动放大；运算放大器的输出端接 5V 的直流电压表头，用来显示温度值。

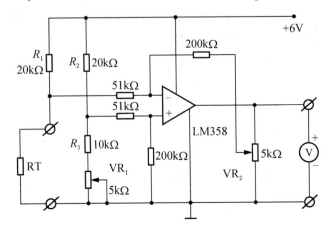

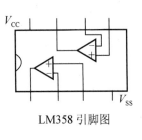

LM358 引脚图

图 9.17　热敏电阻测温电路

电阻 $R_1$ 与热敏电阻 RT 的节点接运放的反相输入端,当被测温度升高时该点电位降低,运放输出电压升高,表头指针偏转角度增大,以指示较高的温度值;反之当被测温度降低时,表头指针偏转角度减小,以指示较低的温度值。

VR$_1$ 用于调 "0"; VR$_2$ 用于调节放大器的增益,即分度值。

2. 铂热电阻接线实例

如图 9.18 所示,这是一种恒温器电路它检测印制板上功率晶体管周围的温度。

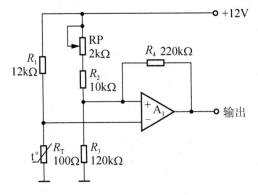

图 9.18　铂热电阻测温实例

对图 9.18 来说,当功率晶体管周围温度低于 60℃时,A$_1$ 的同相输入端电位(由 RP、$R_2$、$R_3$ 分压确定)高于反相输入端,A$_1$ 输出高电平;温度超过 60℃时,则 RT 阻值增大到 123.64Ω(0℃时为 100Ω),A$_1$ 的反相输入端电位高于同相输入端电压,A$_1$ 输出变为低电平,从而控制有关电路进行温度调节。

3. 以 AD590 为温度传感器的测温电路

如图 9.19 所示,电源正极经 AD590 后串接 10kΩ 的精密电阻(误差不大于 1%)$R_1$ 后接地,将 AD590 输出的随温度变化而变化的电流信号转化成电压信号,即 $A$ 点的电压。

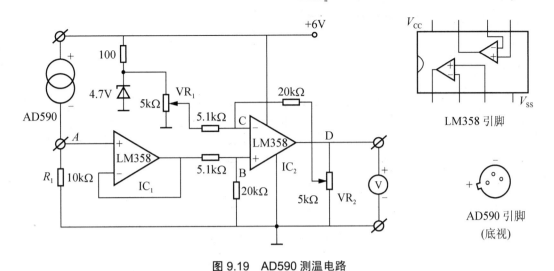

**图 9.19 AD590 测温电路**

温度与 $A$ 点电压的关系见表 9-5。

**表 9-5 温度与电压的关系**

| 温度/℃ | AD590 电流/μA | 经 10kΩ电阻后的转换电压/V |
|---|---|---|
| 0 | 273.2 | 2.732 |
| 10 | 283.2 | 2.832 |
| 20 | 293.2 | 2.932 |
| 30 | 303.2 | 3.032 |
| 40 | 313.2 | 3.132 |
| 50 | 323.2 | 3.232 |
| 60 | 333.2 | 3.332 |
| 100 | 373.2 | 3.732 |

由表 9-5 可见，温度每变化 1℃，AD590 的输出电流变化 1μA，在电阻 $R_1$ 上引起的电压变化就等于 10mV，于是灵敏度为 10mV/℃。

为了增大后续放大器的输入阻抗，减小对 $R_1$ 上电压信号的影响，转化后的电压信号经 $IC_1$ 电压跟随器后到差动运算放大器 $IC_2$ 的同相输入端，$B$ 点的电压等于 $A$ 点的电压。

由于 AD590 是按热力学温度分度的，0℃时的电流不等于 0，而是 273.2μA，经 10kΩ 电阻转换后的电压为 2.732V，因此需给 $IC_2$ 的反相输入端 $C$ 加上 2.732V 的固定电压进行差动放大，以使 0℃时运算放大器的输出电压为 0。

**4. 以 PN 结为温度传感器的测温电路**

由固定电阻 $R_1$、$R_2$、PN 结 DT 及 $R_3$ ＋ $VR_1$ 构成测温电桥，把温度的变化转化成微弱的电压变化；再由运算放大器 LM358 进行差动放大；运算放大器的输出端接 5V 的直流电压表头，用来显示温度值，如图 9.20 所示。

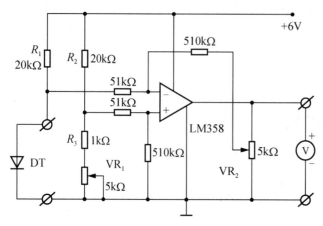

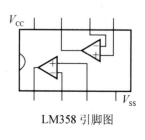

LM358 引脚图

**图 9.20  PN 结传感器测温电路**

电阻 $R_1$ 与 PN 结 DT 的节点接运放的反相输入端,当被测温度升高时该点电位降低,运放输出电压升高,表头指针偏转角度增大,以指示较高的温度值;反之当被测温度降低时,表头指针偏转角度减小,以指示较低的温度值。$VR_1$ 用于调 "0";$VR_2$ 用于调节放大器的增益,即分度值。

实际制作中所需材料及调试过程中所需的配备主要有以下几种。

(1) 二极管 1N4148(做温度传感器);

(2) 集成运算放大器 LM358;

(3) 5kΩ微调电位器、5V 电压表头;

(4) 6V 稳压电源;

(5) 实验板;

(6) 电阻;

(7) 水银温度计;

(8) 盛水容器(为了减缓温度的变化速度,盛水量应不少于 1 升);

(9) 冰块;

(10) 加热装置等。

5. 测温电路的调试过程

准备盛水容器、冷水、60℃以上热水、水银温度计、搅动棒等。

(1) 把传感器和水银温度计放入盛水容器中,接通电路电源。加入冷水和热水(不断搅动),通过调节冷、热水比例使水温为 20℃,调节电路的 $VR_1$ 使表头指针正向偏转,然后回调 $VR_1$ 使指针返回,指针刚刚指到 0V 刻度上时停止调节(表头指示的起点为定为 20℃)。

(2) 容器中加热水和冷水,不断搅动,把水温调整到30℃,通过调节电路的 $VR_2$ 使表头指针指在 5V 刻度上。

(3) 重复(1)、(2)步骤2~3 次,调试完成。电压表头指示的电压值乘以 2 再加上 20 就等于所测温度。

(4) 检验在20~30℃范围内的任一温度点,水银温度计的读数与指针式温度表的读数是否一致，误差应不大于±1℃。

注意：调试过程中要不断搅动，以使传感器与水银温度计感受同一温度，同时要等水银温度计的读数稳定后再调试电路。

6. 其他集成温度传感器的应用

通常查阅对应的芯片资料就能获知具体电路该如何设计，需要注意那些实际问题等，还有就是如何进行调试。

集成温度传感器的相关资料和应用非常多，读者可以参照相关文档进一步深入学习。

**问题思考与讨论话题：**

1. 结合所学知识分析下列应用电路，要求叙述传感器工作机理和整个电路工作过程。

(1) CPU 过热报警器电路(图 9.21)。

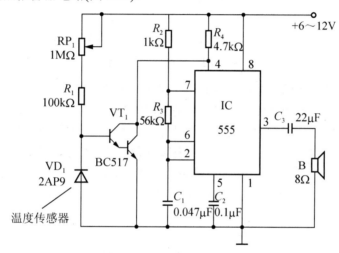

**图 9.21　CPU 过热报警器电路**

(2) 电冰箱温度超标指示器电路(图 9.22)。

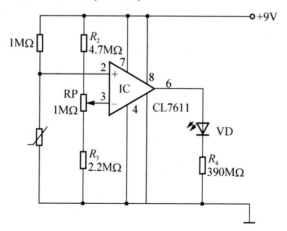

**图 9.22　电冰箱温度超标指示器电路**

(3) 自动温奶器电路(图 9.23)。

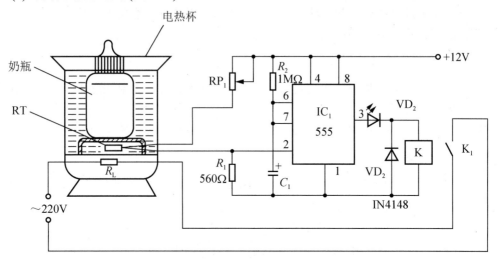

图 9.23　自动温奶器电路

2. 简述温度传感器的概念以及种类，分别基于什么原理？

3. 热力学温度与摄氏温度的数值关系是怎样的？

4. 热敏电阻温度传感器的主要优缺点是什么？主要应用在哪些地方？

5. 热电阻传感器按制造材料划分主要有哪几种？各有什么特点？

6. PN 结温度传感器有哪些特性？测温范围是多少？

7. 简述以 PN 结为温度传感器的测温电路的调试方法。

8. 用镍铬-镍硅(K 型)热电偶测炉温。当冷端温度 $T_0 = 30℃$ 时，测得热电势为 $E(T, T_0)$ =44.66mV，则实际炉温是多少度？

9. 集成温度传感器分为哪两大类？模拟集成温度传感器按输出信号的不同又分哪几类？

10. AD590 的输出电流随温度的变化关系是怎样的？将它与 10kΩ电阻串联，转换为电压信号后，电压随温度的变化关系是怎样的？若将它与 1kΩ电阻串联，转换为电压信号后，电压随温度的变化关系又是怎样的？写出电压信号随温度变化的关系式。

11. 在图 9.21 的 AD590 测温电路中运放 $IC_1$ 接成了什么电路？为什么这样做？$IC_2$ 的反相输入端为什么要加上 2.73V 的固定电压？

# 第 **10** 章
# 湿度传感器及其应用

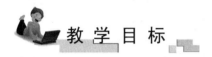 **教 学 目 标**

　　本部分内容主要包括"湿度传感器","湿度传感器的项目化应用",即湿敏电阻在简易湿度计中应用,包括电路原理、制作与调试等;现实生活中湿度传感器的典型应用。

　　通过本章的学习,正确理解"温湿度"的概念,熟悉湿度的表示方法和湿度传感器的分类,理解湿度传感器的基本工作原理;了解现实生活中湿度传感器的应用情况等;掌握典型应用电路的分析、制作和调试方法,了解湿度传感器在应用中的相关注意事项等。

**教 学 要 求**

| 知识要点 | 能力要求 | 相关知识 |
|---|---|---|
| 湿度传感器 | (1) 理解"温湿度"概念,熟悉湿度的表示<br>(2) 熟悉湿度传感器的分类,理解工作原理 | 湿度传感器 |
| 湿度传感器的应用电路 | (1) 熟悉传感器的特点,学会正确选用<br>(2) 学会调试湿度传感器应用电路 | 湿敏电阻在简易湿度计中的应用 |
| 湿度传感器在生活中的应用 | (1) 了解生活中湿度传感器的应用情况<br>(2) 熟悉应用电路的工作机理 | 湿度传感器的典型应用 |

## 引言

本章内容主要围绕着以下几个问题展开，即相对湿度及其表示方法、露点、霜点，湿度传感器的基本应用情况，常用湿度传感器(湿敏电阻、湿敏电容等)的基本工作原理，湿度传感器应用电路设计要点考虑和湿度传感器有哪些基本应用电路等。所设的"湿敏电阻在简易湿度计中的应用"项目对湿度传感器的各方面内容掌握有了一个纵深。

湿度检测在工农业生产、医疗卫生、食品加工以及日常生活中有着非常重要的地位与作用，它直接关系到产品的质量，如半导体制造中静电荷与湿度有直接关系等。

湿度传感器主要用于湿度测量和湿度控制。湿度测量方面有气象观测，一般环境管理的湿度测量，微波炉、干燥设备、医疗设备、汽车的除湿设备、录像机等的湿度或露点检测等；湿度控制方面有食品、医疗、农业、造纸业、纺织业以及楼房、家庭空调管理、印刷、制药、食品加工等干燥度的控制，食品储存、微生物管理等的湿度调节。

通常"温湿度"放在一起讲，抛开温度而去单纯讲湿度没有意义，因为湿度受温度的影响非常大。

【参考图文】

## 10.1 湿度传感器

### 10.1.1 湿度的表示方法

湿度是表示空气中水蒸气含量的物理量。水蒸气压是指在一定的温度条件下，混合气体中存在的水蒸气分压。而饱和蒸气压是指在同一温度下，混合气体中所含水蒸气压的最大值。温度越高，饱和蒸气压越大。湿度的表示方法有三种，即绝对湿度、相对湿度和露点(霜点)。

#### 1. 相对湿度

一般情况下，我们所说的湿度均为相对湿度。相对湿度表示某一个温度下空气中实际所含水蒸气分压和同温度下饱和蒸气压的百分比，即

$$H_T = \frac{P_W}{P_N} \times 100\% \tag{10-1}$$

相对湿度一般用%RH表示，为无量纲的值，其值范围为0%～100%RH，如"70%RH"指的是空气中的相对湿度为70%。

相对湿度受温度、气压影响较大，因为气体温度和压力改变时，因饱和蒸气压变化，所以气体中水蒸气压即使相同，其相对湿度也发生变化。

#### 2. 露点和霜点

水的饱和蒸气压随温度的降低而逐渐下降。在同样的空气水蒸气压下，温度越低，则

空气的水蒸气压与同温度下水的饱和蒸气压差值越小。当空气温度下降到某一温度时，空气中的水蒸气压与同温度下水的饱和蒸气压相等。此时，空气中的水蒸气将向液相转化而凝结成露珠，相对湿度为 100%RH，该温度称为空气的露点温度，简称露点。如果上述这一温度低于 0℃时，水蒸气将结霜，又称为霜点温度。露点和霜点统称为露点。空气中水蒸气压越小，则露点越低，因而可用露点表示空气中的湿度。

降低温度会产生结露现象。露点与农作物的生长有很大关系，结露也严重影响电子仪器的正常工作，必须予以注意。例如，当环境的相对湿度增大时，物体表面就会附着一层水膜，并渗入材料内部。这不仅降低了绝缘强度，还会造成漏电、击穿和短路现象；潮湿还会加速金属材料的腐蚀并引起有机材料的霉烂。

### 10.1.2　湿度传感器的分类

目前湿敏传感器的种类繁多，特性不同。若按材料来分，有高分子材料、半导体陶瓷、电解质及其他材料；若按工作原理来分，则分为电阻型和电容型两种，分别用符号 $R_H$ 和 $C_H$ 表示。

水是一种极强的电解质，水分子有较大的电偶极矩，在氢原子附近有极大的正电场，因而它有很强的电子亲和力，使得水分子易吸附在固体表面并渗透到固体内部。利用水分子这一特性制成的湿度传感器称为水分子亲和力型传感器，在现代工业上使用的湿度传感器大多是该类型，它将湿度的变化转换为阻抗或电容值的变化后输出。

### 10.1.3　湿度传感器的工作原理

湿度传感器的基本形式为在基片涂覆感湿材料形成感湿膜，空气中的水蒸气吸附于感湿材料后，元件的阻抗、介质常数发生很大的变化，从而制成湿敏元件。

#### 1. 电阻式湿度传感器

电阻式湿度传感器平时简称湿敏电阻，它的核心部分为湿敏元件，湿敏元件一般由基体、电极和感湿层组成，如图 10.1 所示为两种常见的湿敏元件结构。

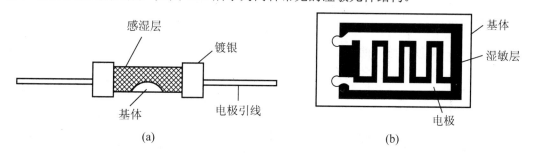

图 10.1　两种常见的湿敏元件结构

湿敏元件的工作方式主要是物理吸附和化学吸附，其基本原理如下：感湿层中水分子含量增多时，引起电极间电导率的上升(电解水，外电压作用下产生载流子运动)；反之，电极间的电导率下降。根据使用材料不同可以分为高分子型和陶瓷型。

湿敏电阻型传感器较多，具有以下优点：可以集中进行控制、便于遥测；不需要很大的检测空间；可方便地与数字电路相匹配。

**2. 湿敏电容型传感器**

湿敏电容型传感器是利用两个电极间的电介质随湿度变化引起电容值变化的特性而制的。常见结构中，湿敏电容传感器的上、下电极中间夹着湿敏器件，并附着在玻璃或陶瓷基片上。若湿敏器件周围的湿度变化时，其介电常数会发生变化，由此相应的电容量发生变化，因此通过检测电容量的变化就能检测周围的湿度。

检测电容变化的有采用湿敏与电感器构成 $LC$ 谐振电路，作为其振荡频率变化取出的方法，也有取出周期变化的方法。湿敏电容型传感器的湿度检测范围宽、响应速度快、体积小、线性好、较稳定，很多湿度计都使用这种传感器。

# 10.2　湿度传感器的项目化应用

**湿敏电阻在简易湿度计中的应用**

本项目主要任务是根据湿敏电阻的特性，设计一湿度检测电路，并会调试电路。

**【教学目标】**

知识目标：通过本项目的学习，掌握湿敏传感器的特点，了解主要参数，学会正确选用湿度传感器；学会调试湿敏传感器应用电路。

能力目标：能根据应用场合选择合适的湿度传感器；掌握湿度检测电路的设计与调试方法，为工程应用打下基础；培养学生探究问题和解决问题的能力。

情感目标：增加学生的学习兴趣和学习主观能动性；培养学生的交流协作能力和评价能力，提高相关技能和技巧；激发学生的好奇心与求知欲。

**【教学重点与难点】**

教学重点：湿度传感器的正确选用和设计注意事项。
教学难点：简易湿度计的制作和调试。

**【项目分析与任务实施】**

本项目应用 CHR-01 阻抗型高分子湿度传感器进行设计，它的基本工作原理是当湿度增加时，湿敏电阻的阻值减小；在相同湿度下，温度越高，其阻值越小。

**1. 电路原理**

图 10.2 为简易湿度计的电路原理图。

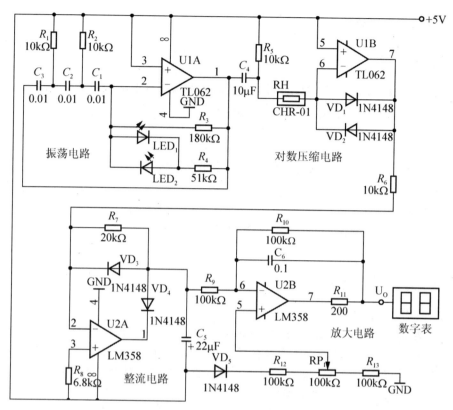

图 10.2　简易湿度计电路原理图

由图 10.2 可见，简易温度计主要由五部分组成：振荡电路、对数压缩电路、整流电路、放大电路及显示器组成。

图 10.2 中，U1A 及外围元件 $R_1$、$R_2$、$C_1$、$C_2$ 及 $C_3$ 组成低频振荡器，它的输出频率为 900Hz、1.3V 的正弦波信号，作为湿敏元件的工作电压源，在它的反馈回路中串有两个 LED 发光二极管 $LED_1$、$LED_2$，以提高振荡幅值的稳定性。

U1B 与 $VD_1$ 和 $VD_2$ 组成对数压缩电路，它是利用硅二极管 $VD_1$、$VD_2$ 正向电压与电流成对数关系的特性来实现对数压缩的，从而实现线性化处理，用来补偿湿敏元件的非线性。

由于硅二极管 $VD_1$、$VD_2$ 具有 $-2mV/℃$ 的温度特性，所以可以对湿敏元件起到一定的温度补偿作用。

U2A 与 $R_7$、$R_8$、$VD_3$ 和 $VD_4$ 组成整流电路，将交流信号变换成与湿度成正比的电压信号。

U2B 与 $R_{10}$、$R_{11}$、$R_{12}$、$R_{13}$、$C_6$、$VD_5$ 及 $RP_1$ 组成放大电路，并兼有温度补偿作用。

调节 $RP_1$ 可改变同相端的电位，可实现输出电压的调节；而 $VD_5$ 又可起到温度补偿作用，通过该单元电路处理，可获得理想的补偿效果。

由于湿敏传感器在低湿度时的电阻值非常大，为了实现阻抗匹配，图 10.2 中 U1A 和 U1B 应选用高输入阻抗的集成运放，图 10.2 中采用 TL062，其为场效应管输入电路，具有较高的输入阻抗。

2. 电路制作与调试

(1) 按原理图选择合适元器件，焊接好电路，接通电源 5V 电源，电路即可工作。

(2) 调试：为了得到比较好的测量效果，一般要进行电路调试。

本项目的电路调试主要是 $RP_1$ 的调整，调前应准备好标准的湿度计作为参照，调节时将标准湿度计和自制作的电路放入同一环境中。

3. 问题思考

(1) 湿度传感器的供电方式与其他传感器相比有什么不同？

(2) 为什么这里要采用对数压缩电路？

(3) 湿度的有效校正如何进行？

(4) 环境温度变化对湿度检测结果的影响情况如何？

【知识点连接】

1. 湿度传感器使用注意事项

1) 提供湿度传感器的波形

湿度传感器最理想的激励源为正弦波信号，工作频率在 1kHz 左右，且失真小，不含直流分量，信号幅度在 1V 左右，具体数值以制造商提供的产品手册数据为准，电压过高会影响传感器的可靠性；电压过低，则会因传感器的阻抗高而受到噪声的影响。

2) 对湿度传感器阻抗特性的处理方法

因湿敏传感器的"湿度—阻抗"特性呈指数规律变化，所以湿敏传感器的输出信号也是按指数规律变化的，在 30%～90%RH 范围内，电阻变化 $10^4$～$10^5$ 倍，可利用对数压缩电路来解决，通常使用硅二极管正向压降和电流呈指数规律变化的特性来构成运算放大电路，而且要选高输入阻抗(场效应管)的放大电路实现处理。

3) 温度补偿

湿敏传感器的特性与温度关系密切，相同湿度下，温度不同时其电性能也不相同，因此要进行温度补偿。补偿的方法主要有两种：利用二极管构成对数压缩电路和利用负温度系数热敏电阻进行补偿。

4) 线性化电路

大多数情况下，湿敏传感器的输出与湿度并不是呈线性关系的，为了准确显示湿度值，必须加入线性化电路，使传感器的输出信号与湿度呈线性关系。线性化电路用得比较多的是折线法。

5) 其他注意事项

湿度传感器要安装在流动的空气环境中；延长引线要注意：延长线应使用屏蔽线，最长距离不要超过 1m，且裸露部分的引线要尽量的短；另外温度补偿的时候温度补偿元件的引线也要同时延长，要靠近湿度传感器安装，也是采用屏蔽线。

2. CHR-01 阻抗型高分子湿度传感器

CHR-01 阻抗型高分子湿度传感器外形尺寸及内部结构示意图如图 10.3 所示。

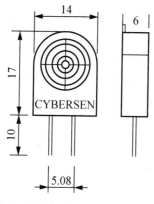

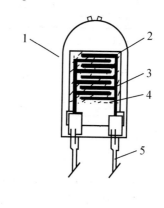

(a) 外形尺寸示意图　　　　　　　　(b) 内部结构示意图

**图 10.3　CHR-01 型湿敏传感器外型及结构示意图**

1—外壳(ABS)；2—基片($Al_2O_3$)；3—电极；4—感湿材料；5—引脚

表 10-1 给出了 CHR-01 型的主要参数，表 10-2 给出它的湿度阻抗参数。

**表 10-1　CHR-01 型湿敏传感器主要参数**

| 工作电压 | 1V AC(50Hz～2kHz) |
|---|---|
| 检测范围 | 20%～90%RH |
| 检测精度 | ±5% |
| 工作温度范围 | 0℃～85℃ |
| 最高使用温度 | 120℃ |
| 特征阻抗范围 | 30(21～40.5)kΩ(60%RH，25℃) |
| 响应时间 | ≤12s(20%～90%) |
| 湿度飘移(/年) | ≤±2%RH |
| 湿滞 | ≤1.5%RH |

**表 10-2　0～60℃湿度阻抗参数**

| | 15℃ | 25℃ | 35℃ | 40℃ | 55℃ |
|---|---|---|---|---|---|
| 30% | 518.8 | 352.8 | 256.7 | 241.3 | 137 |
| 35% | 347.6 | 261.8 | 143 | 137 | 80.33 |
| 40% | 277.2 | 166.6 | 93.6 | 81.53 | 50 |
| 45% | 172.8 | 92.8 | 60.3 | 52.7 | 33.38 |
| 50% | 96.3 | 60.6 | 41.43 | 34.3 | 22.05 |
| 55% | 70.8 | 40.4 | 29.12 | 24.25 | 15.88 |
| 60% | 56.2 | 29.5 | 20.8 | 17.71 | 12.17 |

| | 15℃ | 25℃ | 35℃ | 40℃ | 55℃ |
|---|---|---|---|---|---|
| 65% | 43.3 | 21.1 | 15.61 | 13.12 | 9.02 |
| 70% | 31.3 | 15.44 | 11.51 | 10.09 | 6.58 |
| 75% | 22.6 | 11.84 | 8.74 | 7.35 | 4.64 |
| 80% | 15.8 | 9.13 | 6.52 | 5.46 | 3.38 |
| 85% | 10.48 | 6.55 | 4.52 | 3.89 | 2.48 |
| 90% | 7 | 4.6 | 3.15 | 2.65 | 1.807 |

注：表中的数据均由 LCR 数字电桥在 1VAC/1kHz 测试所得，单位是 kΩ。

由表 10-2 中的数据可知，当湿度增加时，湿敏电阻的阻值减小；在相同湿度下，温度越高阻值越小。

## 10.3　湿度传感器的典型应用

湿度传感器在现实生活中有着广泛的应用。

在具有粉尘作业和电火工品生产的车间，当因湿度小而产生静电时，常会发生爆炸事故；在大规模集成电路生产过程中，当相对湿度低于 30% 时，容易产生静电，影响生产；仓库的湿度过大，会使存放的物资变质；农业的育苗、栽培、生产、保鲜等方面需要进行湿度测量和控制。

另外，空调系统，计算机机房；工业生产中的湿度控制；粮食、烟草、纸张、药材、食品等的储藏管理；图书、资料、文物的保管；精密光学、电子、化工、机械加工的湿度控制；农业及饲料加工厂湿度控制；气象观测等，这些场合都会用到湿度传感器。

1. 浴室镜面水汽清除器

浴室镜面水汽清除器对应的结构和电路分别如图 10.4 和图 10.5 所示。

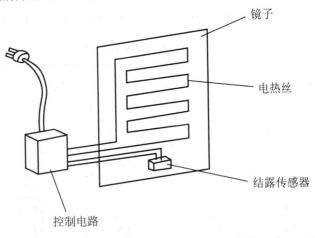

图 10.4　浴室镜面水汽清除器结构

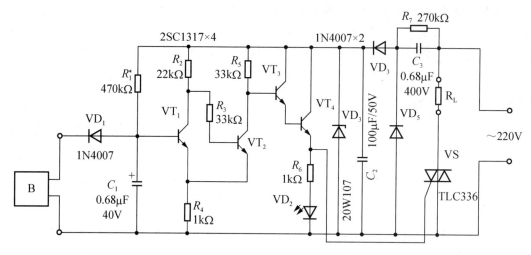

图 10.5　浴室镜面水汽清除器电路

　　现实生活中，浴室中经常会出现水珠凝结在镜面上的情况，可采用结露传感器来检测水珠情况，并根据检测到的信号启动控制电路，最后通过加热器的工作来消除水珠。

　　如图 10.5 所示的浴室镜面水汽清除器电路，B 即为结露传感器，通常湿度较小时，其阻值也较小。

**2. 汽车后玻璃除湿电路**

　　汽车后玻璃除湿电路安装示意图如图 10.6 所示，对应的自动除湿电路如图 10.7 所示。

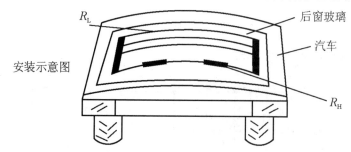

图 10.6　汽车后玻璃除湿电路安装示意图

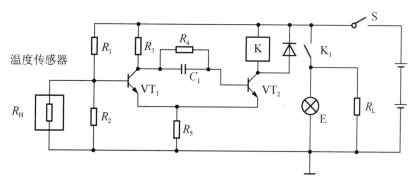

图 10.7　汽车后玻璃自动除湿电路

在图 10.6 和图 10.7 中，$R_L$ 为嵌入玻璃的加热电阻，$R_H$ 为设置在后窗玻璃上的湿度传感器，由 $VT_1$ 和 $VT_2$ 半导体管接成施密特触发电路，在 $VT_1$ 的基极接有由 $R_1$、$R_2$ 和湿度传感器 $R_H$ 组成的偏置电路。常温下，$R_H$ 的阻值较大，$VT_1$ 处于导通状态，$VT_2$ 处于截止状态，K 不工作。

**问题思考与讨论话题：**

1. 结合所学知识分析下列应用电路，要求叙述清楚传感器的工作机理和整个电路的工作过程。

(1) 盆花缺水指示器电路(图 10.8)。

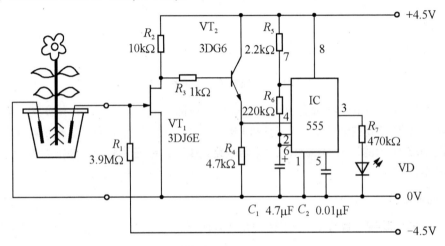

图 10.8　盆花缺水指示器电路

(2) 土壤湿度测量电路(图 10.9)。

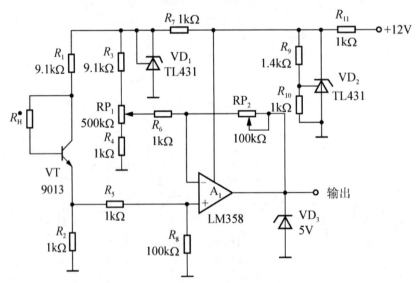

图 10.9　土壤湿度测量电路

(3) 湿度控制仪(图 10.10)。

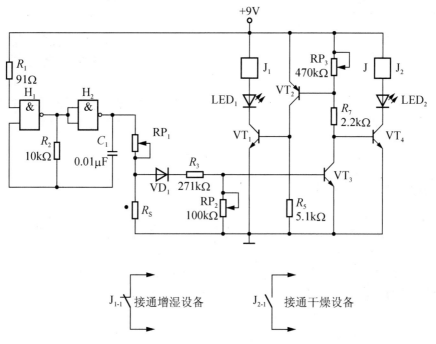

图 10.10　湿度控制仪电路

2. 查阅有关集成湿度传感器或湿度传感器应用模块的各类应用设计的相关资料。

# 第11章
## 智能化传感器及其应用

### 教学目标

本部分内容主要包括"智能传感器的基本概念"、"典型智能传感器及其应用"和"智能传感器的发展趋势"三大部分。

通过本章的学习，了解智能传感器的发展情况和功能，熟悉各应用领域中智能传感器的使用情况和功能体现；熟悉典型智能传感器的应用资料，了解现阶段智能传感器的发展趋势。

### 教学要求

| 知识要点 | 能力要求 | 相关知识 |
| --- | --- | --- |
| 智能传感器的基本概念 | (1) 了解基本功能和发展情况<br>(2) 熟悉各个应用领域 | 智能传感器 |
| 典型智能传感器及其应用 | (1) 熟悉典型智能传感器<br>(2) 能看懂应用电路 | 典型智能传感器应用示例 |
| 智能传感器的发展趋势 | 了解发展趋势 | |

通过本章的学习，了解智能传感器的定义、功能，大体了解典型智能化传感器应用电路，并在此基础上结合典型智能传感器的应用来进一步了解它的应用机理等。

# 11.1　智能传感器的基本概念

### 1. 定义

所谓智能传感器，通俗地说就是带微处理器、兼有信息检测和信息处理功能的传感器。目前关于智能传感器的中、英文称谓尚未完全统一，英国人将智能传感器称为"Intelligent Sensor"，而美国人则习惯于把智能传感器称作"Smart Sensor"，直译就是"灵巧的、聪明的传感器"。

智能传感器的最大特点就是将传感器检测信息的功能与微处理器的信息处理功能有机地融合在一起。从一定意义上讲，它具有类似于人工智能的作用。需要指出的是，这里讲的"带微处理器"包含两种情况：

(1) 将传感器与微处理器集成在一个芯片上构成所谓的"单片智能传感器"。

(2) 传感器能够配微处理器。

显然，后者的定义范围更宽，但二者均属于智能传感器的范畴。

世界上第一个智能传感器是美国霍尼韦尔(Honeywell)公司在 1983 年开发的 ST3000 系列智能压力传感器，其外观如图 11.1 所示，它具有多参数传感(差压、静压和温度)与智能化的信号调理功能。

最近，该公司还相继开发出 ST3000－900/2000 等系列的新产品，使之功能进一步完善。目前，ST3000 系列智能压力传感器在全世界的销量已突破 50 万只，深受广大用户的青睐。

### 2. 智能传感器的功能

#### 1) 具有自校准和自诊断功能

智能传感器不仅能自动检测各种被测参数，还能进行自动调零、自动调平衡、自动校准，某些智能传感器还能自标定功能。

#### 2) 具有数据存储、逻辑判断和信息处理功能

【参考图文】

图 11.1　ST3000 系列智能压力传感器

智能传感器能对被测量进行信号调理或信号处理，包括对信号进行预处理、线性化，或对温度、静压力等参数进行自动补偿等。

#### 3) 具有组态功能，使用灵活

在智能传感器系统中可设置多种模块化的硬件和软件，用户可通过微处理器发出指

令，改变智能传感器的硬件模块和软件模块的组合状态，完成不同的测量功能。

4) 具有双向通信功能

智能传感器能直接与微处理器(μP)或单片机(μC)通信。

### 3. 智能传感器与传感系统的特点

1) 高精度

智能传感器采用自动调零、自动补偿、自动校准等多项新技术，能达到高精度指标。

2) 宽量程

智能传感器的测量范围很宽，并具有很强的过载能力。

3) 多参数、多功能

可以实现多传感器多参数综合测量，并通过编程可以扩大测量与使用范围；有一定的自适应能力，通常能根据检测对象或条件的改变而相应地改变量程反输出数据的形式。

4) 超小型化、微功耗

智能传感器正朝着短、小、轻、薄的方向发展，以满足航空航天及国防尖端技术领域的急需，并且为开发便携式、袖珍式检测系统创造了有利条件。

## 11.2　典型智能传感器及其应用

本节简要地从"长什么样"、"怎么去用"和"参数指标如何"等来介绍几种典型的智能传感器。

### 11.2.1　多功能式湿度/温度/露点智能传感器系统

#### 1. 基本情况简介

瑞士 Sensirion 公司：SHT11/15 型高精度、自动校准、多功能式智能传感器。它能同时测量相对湿度、温度和露点等参数，兼有数字湿度计、温度计和露点计这三种仪表的功能，可广泛用于工农业生产、环境监测、医疗仪器、通风及空调设备等领域。

SHT11/15 型智能传感器系统外形尺寸仅为 7.62mm(长)×5.08mm(宽)×2.5mm(高)，质量只有 0.1g，其体积与一个大火柴头相近，如图 11.2 所示。

【参考图文】

图 11.2　SHT11/15 型智能传感器的外形

SHT11/15 型湿度/温度传感器系统的引脚排列如图 11.3 所示。

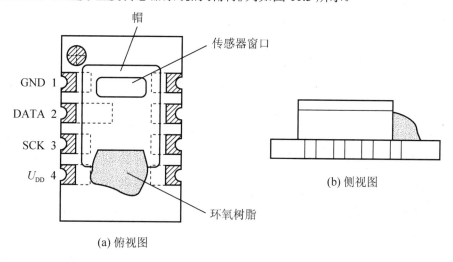

图 11.3　SHT11/15 的引脚排列

SHT11/15 型湿度/温度传感器系统的内部电路框图如图 11.4 所示。

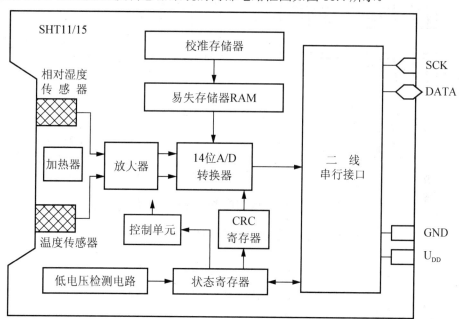

图 11.4　SHT11/15 型湿度/温度传感器的内部电路框图

2．SHT11/15 型湿度/温度传感器对应的功能及参数指标

1) 相对湿度

(1) 测量范围：0%～99.99%RH。

(2) 测量精度：±2%RH。

(3) 分辨力：0.01%RH。

2) 温度

(1) 测量范围：−40℃～+123.8℃。

(2) 测量精度：±1℃。

(3) 分辨力：0.01℃。

3) 露点

(1) 测量精度：<±1℃。

(2) 分辨力：±0.01℃。

3. SHT11/15 型湿度/温度传感器应用电路

由 SHT15 构成的相对湿度/温度测试系统的电路框图如图 11.5 所示。该系统能测量并显示出相对湿度、温度和露点。SHT15 作为从机，89C51 单片机作为主机，二者通过串行总线进行通信。

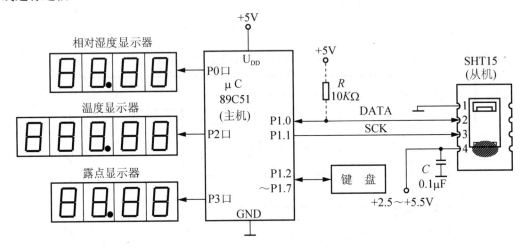

图 11.5　相对湿度/温度测试系统的电路框图

### 11.2.2　多功能式浑浊度/电导/温度智能传感器系统

浑浊度(亦称不透明度)：表示水或其他液体的不透明程度。

当单色光通过含有悬浮粒子的液体时，由于悬浮粒子引起光的散射，使单色光的强度被衰减，其衰减量就代表液体的浑浊度。

浑浊度是个比值，其单位用 NTU 来表示。

1. 基本情况简介

美国霍尼韦尔(Honeywell)公司：如图 11.6 所示，APMS-10G 型带微处理器和单线接口的智能化浑浊度传感器系统，能同时测量液体的浑浊度、电导和温度，构成多参数在线检测系统，可广泛用于水质净化、清洗设备及化工、食品、医疗卫生等部门。

图 11.6　APMS-10G 型智能传感器外形

APMS-10GRCF 的外形及插座上的引脚排列如图 11.7(a)和图 11.7(b)所示。

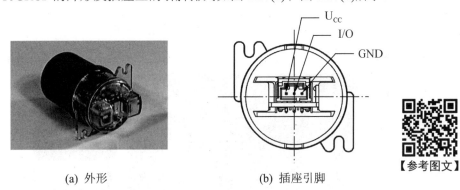

(a) 外形　　　　　　　　　(b) 插座引脚

【参考图文】

图 11.7　APMS-10GRCF 的外形及插座上的引脚排列图

APMS-10G 的内部电路框图如图 11.8 所示。

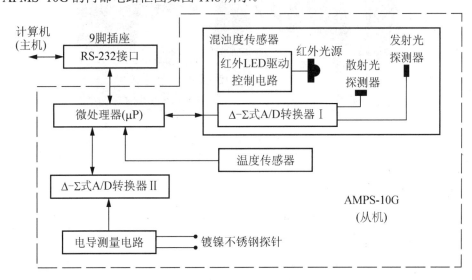

图 11.8　APMS-10G 的内部电路框图

2. 浑浊度测量原理

如图 11.9 所示，其实这里主要是应用光的散射作用，当不浑浊的时候，液体中的微小颗粒较少，这时候光的反射作用就比较弱，反之则强。

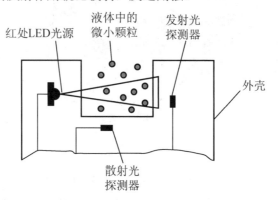

图 11.9　浑浊度测量原理示意图

实际应用中，APMS-10G 通过 9 引脚 RS-232 插座连计算机，接线方式如图 11.10 所示。

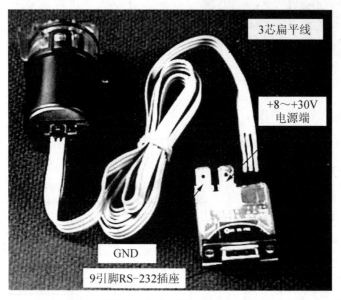

图 11.10　APMS-10G 与计算机的接线

### 11.2.3　烟雾检测报警 IC

Motorolar 公司的烟雾检测报警 IC 主要有三种类型：

(1) 离子型：MC14467-1、MC14468；

(2) 光电型：MC145010、MC145011；

(3) 比较器型：MC14578。

有很多厂家使用 MC145010 来制造感烟报警器，但因为产品结构、工艺、测试工具的差别，报警器的灵敏度相差也非常大。它的芯片引脚如图 11.11 所示。

MC145010 配上红外光电室，即可通过传感微小烟雾颗粒的散热光束来检测烟雾。其基本工作原理如下：红外发射二极管→红外光→在烟雾颗粒的作用下形成散射光束→红外接收二极管→MC145010→BZ 发出报警声。

将 MC145010 置于校准模式时，某些引脚的功能将被重新设定。为进入校准模式，需要给 TEST 端加负电压，使该端的输出电流为 100μA，并保持一个时钟周期的时间。

利用自检模式可以模拟烟雾条件，对传感器进行自标定。具体方法如下：显著提高光信号放大器的增益，将烟雾室中的背景反射光看成是由烟雾产生的散射光，从而获得模拟的烟雾条件。经过一个时钟周期后，光信号放大器的增益恢复正常值，模拟的烟雾条件就被撤销。

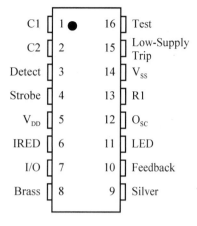

图 11.11 MC145010 芯片引脚

由 MC145010 构成的烟雾报警电路如图 11.12 所示。它采用 9V 叠层电池供电。$R_2$、$C_3$ 分别为振荡电阻与振荡电容，时钟周期由下式确定：

$$T_0 = 0.6931(R_1 + R_2)C_3 \tag{11-1}$$

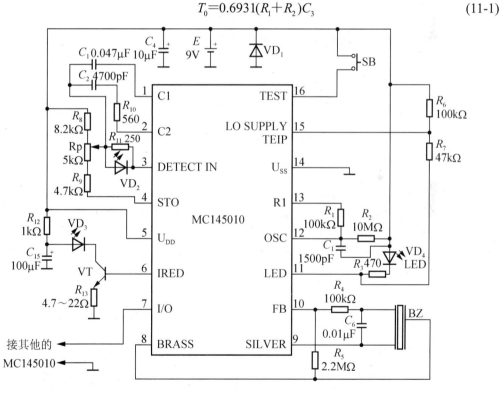

图 11.12 MC145010 感烟报警器典型应用电路

## 11.2.4 生物传感器

生物识别技术是根据人体生物特征进行身份鉴别的技术，因此要求这些特征具有"人各有异"、"终身不变"和"随身携带"这三大特点。 生物识别系统的组成如图 11.13 所示。

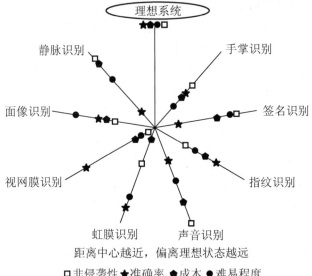

距离中心越近，偏离理想状态越远
□非侵袭性 ★准确率 ◆成本 ●难易程度

图 11.13　生物识别系统的组成

下面结合指纹和识别过程来进行必要的说明。

1. 指纹的特点

指纹具有唯一性(无法复制、人人不同、指指相异)。根据指纹学理论，将两个指纹分别匹配上 12 个特征时的相同概率仅为 1/1050，因此至今找不出两个指纹完全相同的人，即使相貌酷似的孪生兄弟姐妹，或同一个人的十指之间，指纹也存在明显差异，指纹的这一特点为身份鉴定提供了客观依据。

2. 指纹图像的获取

取像设备主要有光学取像设备(如微型三棱镜矩阵)、压电式指纹传感器、半导体指纹传感器和超声波指纹扫描仪四种类型。

指纹的基本纹路图案有环形、弓形和螺旋形，如图 11.14 所示。其他指纹图案都是基于这三种基本图案衍生而成的。

(a) 环型　　　　　　(b) 弓型　　　　　　(c) 螺旋型

图 11.14　三种基本纹路图案

### 3. 指纹识别过程

如图 11.15 所示，指纹识别的基本过程如下：指纹采样→指纹图像预处理→二值化处理→细化→纹路提取→细节特征提取→指纹匹配(即指纹库的查对)。

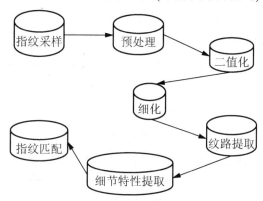

图 11.15　指纹识别过程

### 4. 半导体指纹传感器

半导体指纹传感器亦称单片集成指纹传感器或 CMOS 固态指纹传感器，它是在 20 世纪 90 年代末问世的，可广泛用于便携式指纹识别仪，网络、数据库及工作站的保护装置，自动柜员机(ATM)、智能卡、手机、计算机、门禁系统等身份识别器，还可构成宾馆、家庭的门锁识别系统。

#### 1) 温差感应式指纹传感器

温差感应式指纹是基于温度感应的原理而制成的，每个像素都相当于一个微型化的电荷传感器，用来感应手指与芯片映像区域之间某点的温度差，产生一个代表图像信息的电信号。典型产品如美国 Atmel 公司的 FCD4B14，它可在 0.1s 内获取指纹图像(时间一长，手指和芯片就处于相同的温度了)。

FCD4B14 的引脚和外形分别如图 11.16(a)和图 11.16(b)所示。

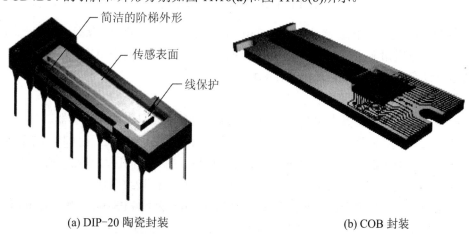

(a) DIP-20 陶瓷封装　　　　　　　　　(b) COB 封装

图 11.16　FCD4B14 的外形

FCD4B14 的安装如图 11.17 所示，可以分为表面倾斜式和靠边缘式两种。

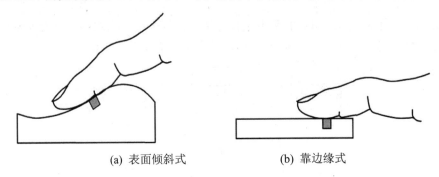

(a) 表面倾斜式　　　　　　　　(b) 靠边缘式

图 11.17　FCD4B14 的安装

FCD4B14 型指纹传感器的内部电路框图如图 11.18 所示。

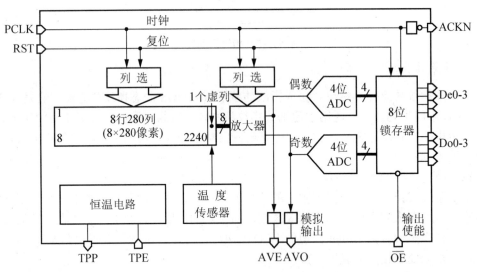

图 11.18　FCD4B14 的内部电路框图

如图 11.18 所示，该传感器共有 8 行 280 列，包含 8×280＝2240 像素，另有一个虚列。它的基本工作原理如下：行、列扫描→指纹的模拟图像→经过两个 ADC 转换成数字图像→通过 8 位锁存器输出到微处理器或计算机中。

2) 电容感应式指纹传感器

电容感应式指纹传感器由电容阵列构成，内部包含 9 万只微型化电容器。

电容感应式指纹传感器的基本工作原理如下：当用户将手指放在正面时，皮肤就组成了电容阵列的一个极板，电容阵列的背面是绝缘极板。由于不同区域指纹的脊和谷之间的距离也不相等，使每个单元的电容量随之而变，由此可获得指纹图像。

电容感应式指纹传感器的典型产品如美国 Veridicom 公司 FPS100。由 FPS100 构成的某种指纹识别系统输入设备如图 11.19 所示，它可与计算机相连使用。

**图 11.19 基于 FPS100 的某指纹识别系统的输入设备**

FPS100 的内部电路框图如图 11.20 所示，具体内部资源等可以参考传感器相关资料，这里不作赘述。

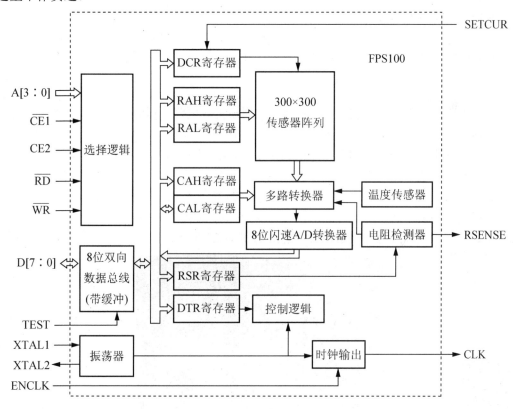

**图 11.20 FPS100 的内部电路框图**

# 11.3 智能传感器的发展趋势

## 1. 智能微尘传感器

智能微尘(Smart Micro Dust)是一种具有计算机功能的超微型传感器。从肉眼来看，它和一颗沙粒没有多大区别，但内部却包含了从信息收集、信息处理到信息发送所必需的全部部件。

目前，直径约为 5mm 的智能微尘已经问世，智能微尘的外形及内部结构如图 11.21 所示。未来的智能微尘甚至可以悬浮在空中几个小时以搜集、处理并无线发射信息。

【参考图文】

(a) 肉眼所看到的智能微尘

(b) 智能微尘的内部结构

图 11.21　智能微尘的外形及内部结构

智能微尘可以"永久"使用，因为它不仅自带微型薄膜电池，还有一个微型的太阳能电池为它充电。最近，美国英特尔公司制定了基于微型传感器网络的新型计算机的发展规划，也将致力于研究智能微尘传感器网络的工作。

2．生物芯片

生物传感器系统亦称生物芯片，它是继大规模集成电路之后的又一次具有深远意义的科技革命。

生物芯片不仅能模拟人的嗅觉(如电子鼻)、视觉(如电子眼)、听觉、味觉、触觉等，还能实现某些动物的特异功能，如海豚的声呐导航测距、蝙蝠的超声波定位、犬类极灵敏的嗅觉、信鸽的方向识别、昆虫的复眼。生物芯片的效率是传统检测手段的成百上千倍。

西门子公司最近研制出一种能辨别气体及其味道的微型芯片传感器，可检测空气中臭氧含量、监测火灾以及气体泄漏，芯片外形如图 11.22 所示。

【参考图文】

图 11.22　西门子公司生产的某生物芯片外形图

德国英飞凌(Infineon)公司最近开发出具有活神经细胞、能读取细胞所发出的电子信息的"神经元芯片"，芯片上有 16384 个传感器，每个传感器之间的距离仅为 8μm。当人体受到电击时，利用它可获取神经组织的活动数据，再将这些数据转换成彩色图片。

3. 虚拟传感器和网络传感器

1) 虚拟传感器

虚拟传感器是基于软件开发而制成的智能传感器。它是在硬件的基础上通过软件来实现测试功能的，利用软件还可完成传感器的校准及标定，使之达到最佳性能指标。

2) 网络传感器

智能传感器的另一发展方向就是网络传感器。网络传感器是包含数字传感器、网络接口和处理单元的新一代智能传感器。它可实现各传感器之间、传感器与执行器之间、传感器与系统之间的数据交换及资源共享，在更换传感器时无须进行标定和校准，可做到"即插即用"。

工作过程如下：被测模拟量→数字传感器→数字量→微处理器→测量结果→网络。

美国 Honeywell 公司开发的 PPT 系列、PPTR 系列和 PPTE 系列智能精密压力传感器就属于网络传感器。在构成网络时，能确定每个传感器的全局地址、组地址和设备识别号(ID)地址。用户通过网络就能获取任何一只传感器的数据并对该传感器的参数进行设置。

(1) RS-232 环形网络。具有 6 个 PPT 单元的 RS-232 环形网络如图 11.23 所示。

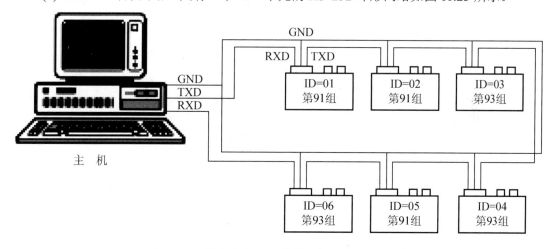

图 11.23　具有 6 个 PPT 单元的 RS-232 环形网络

RS-232 环形网络的起点和终点都在主机的 TXD、RXD 和 GND 接口线上。其特点是网络接口可接多台 PC 的串行接口。

(2) RS-485 多点网络。具有 6 个 PPT 单元的 RS-485 多点网络如图 11.24 所示。在该网络中，各 PPT 单元的 ID 地址可以不按照顺序排列。

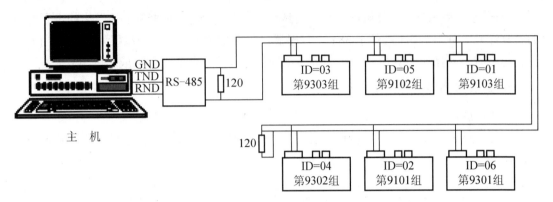

图 11.24　具有 6 个 PPT 单元的 RS-485 多点网络

　　智能传感器是信息时代的骄子，它正成为推动信息产业发展的强大动力。智能传感器在电子信息工程领域具有极为重要的意义，需要我们继续深入地研究、开发和推广应用。

**问题思考与讨论话题：**

　　1. 查阅相关文献资料列举 2～3 种除上述内容外的现实生活中的其他智能传感器应用情况。

　　2. 智能传感器在军事上的应用情况如何？

# 第 **12** 章

# 无线传感器网与物联网

## 教 学 目 标

本部分内容主要包括"无线传感器网(WSN)"和"物联网"两大模块。

通过本章的学习，了解 WSN 的基本组成，熟悉 WSN 相关应用领域；熟悉物联网的涵义，理解物联网的技术构架——感知层、网络层和应用层，了解国内外物联网发展的现状，熟悉当前物联网有关认识中的误区，了解物联网在各个领域中的应用情况。

## 教 学 要 求

| 知识要点 | 能力要求 | 相关知识 |
|---|---|---|
| 无线传感器网 | (1) 了解 WSN 基本组成<br>(2) 熟悉相关应用领域 | WSN 基本知识、应用 |
| 物联网 | (1) 理解物联网的感知层、网络层和应用层<br>(2) 了解物联网发展趋势和应用情况 | 物联网基础 |

### 引言

通过本章的学习，熟悉无线传感器网和物联网的基本组成和在各个领域的基本应用情况，同时了解传感器在 WSN 和物联网中处于感知层的地位。

另外无论是物联网还是 WSN 中，如何采集信息并有效识别是传感器应用的关键点所在，所以通过一维码、二维码、IC 卡(接触式和非接触式)、磁卡、RFID 标签和指纹识别等有关话题的讨论来对知识点进行纵深。

当前，无线传感网、RFID 网和物联网等已成为各国科技和产业竞争的热点，许多发达国家都加大对物联网技术和智慧型基础设施的投入与研发力度，力图抢占科技制高点。我国也及时地将传感网和物联网列为国家重点发展的战略性的新兴产业之一。信息技术(IT)是指实现信息的获取、传输、处理和应用等功能的一类技术，它由感测、通信网络、计算机和控制四大基本部分组成。

【精讲微课】

## 12.1  无线传感器网

### 12.1.1  无线传感器网(Wireless Sensor Networks，WSN)简介

20 世纪 90 年代末，随着现代传感器、无线通信、现代网络、嵌入式计算、微机电系统(Micro.Electro.Mechanical Systems，MEMS)、集成电路、分布式信息处理与人工智能等新兴技术的发展与融合，以及新材料、新工艺的出现，传感器技术向微型化、无线化、数字化、网络化、智能化方向迅速发展。由此研制出了各种具有感知、通信与计算功能的智能微型传感器。由大量部署在监测区域内的微型传感器节点构成的无线传感器网络，通过无线通信方式智能组网，形成一个自组织网络系统，具有信号采集、实时监测、信息传输、协同处理、信息服务等功能，能感知、采集和处理网络覆盖区域中感知对象的各种信息，并将处理后的信息传递给用户。

WSN 在现代农业中的应用实例如图 12.1 所示。

图 12.1 中，各种先进农用传感器包括土壤传感器、作物苗情传感器、电化学离子敏传感器(对土壤 N、P、K、重金属含量快速检测)、生物传感器(用于禽流感快速检测、高致性细菌检测等)、气敏传感器(进行食品品质、气体污染、排放监测)。这种 WSN 应用主要特点为：

➢  广域、自组织、高可靠性、节能；
➢  短程通信与远程通信相结合（如 Zigbee、Bluetooth、Wireless LAN 等）；
➢  固定终端与移动终端相结合。

WSN 可以使人们在任何时间、地点和环境条件下，获取大量翔实可靠的物理世界的信息，这种具有智能获取、传输和处理信息功能的网络化智能传感器和无线传感器网，正在逐步形成 IT 领域的新兴产业。它可以广泛应用于军事、科研、环境、交通、医疗、制造、反恐、抗灾、家居等领域。

无线传感器网络系统是一个学科交叉综合、知识高度集成的前沿热点研究领域，正受到

各方面的高度关注。美国国防部在 2000 年时就把传感网定为五大国防建设领域之一；美国研究机构和媒体认为它是 21 世纪世界最具有影响力的高技术领域四大支柱型产业之一，是改变世界的十大新兴技术之一。日本在 2004 年就把传感器网络定为四项重点战略之一。

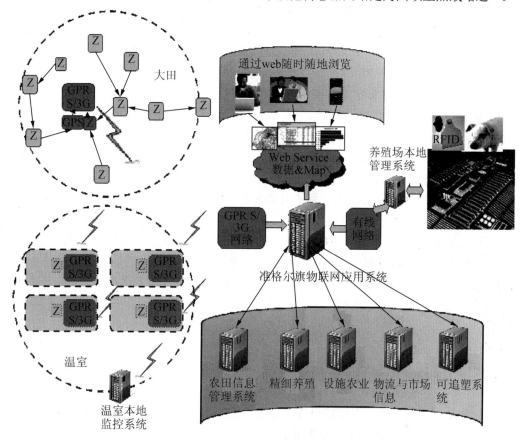

图 12.1　WSN 在现代农业中的应用

我国《国家中长期科学与技术发展规划(2006—2020 年)》中把智能感知技术、自组织网络与通信技术、宽带无线移动通信等技术列为重点发展的前沿技术。

### 12.1.2　基于射频识别的传感器网络

基于射频识别(Radio Frequency Identification，RFID)的无线传感器网络是目前最主要的一种无线传感器网络类型。射频识别是一种利用无线射频方式在读写器和电子标签之间进行非接触的双向数据传输，以达到目标识别和数据交换目的的技术。它能够通过各类集成化的微型传感器协作地进行实时监测、感知和采集各种环境或监测对象的信息，将客观世界的物理信号转换成电信号，从而实现物理世界、计算机世界以及人类社会的交流。

通常，RFID 系统由电子标签、读写器、微型天线和信息处理系统组成。

1) 电子标签

电子标签即应答器，它由耦合元件和微电子芯片组成，粘附在物体上，内部存储待识别物体的信息。通常电子标签没有自备的供电电源，其工作所需要的能量由读写器通过耦合元件传递给电子标签。

2) 读写器

读写器又称扫描器，它能发出射频信号，扫描电子标签而获取数据。读写器包含高频模块(发送器和接受器)、控制单元、与电子标签连接的耦合元件以及与 PC 或其他控制装置进行数据传输的接口。

3) 微型天线

微型天线在电子标签和阅读器间传递射频信号。

4) 信息处理系统(计算机系统)

在实际应用中，RFID 系统内存储有约定格式数据的电子标签，粘附在待识别物体的表面。读写器通过天线发出一定频率的射频信号，当电子标签进入感应磁场范围时被激活产生感应电流从而获得能量，发送出自身的编码等信息，被读写器无接触地读取、解码与识别，从而达到自动识别物体的目的。然后将识别的信息送至主计算机系统进行有关的数据信息处理。

据有关研究表明，现在传感器间的信息量已超过计算机或其他应用，成为信息交互的主流。其在感知层、网络层与应用层都有各自攻关的关键技术。传感网与互联网的高效融合，能实现人与物、物与物的互联，从而形成"物联网"。因此，传感器核心芯片和传感器网接入互联网的技术将成为今后几年 IT 前沿技术进展中优先攻关的瓶颈。

【精讲微课】

# 12.2 物 联 网

物联网(The Internet of Things)用途广泛，遍及智能交通、环境保护、政府工作、公共安全、平安家居、智能消防、工业监测、环境监测、老人护理、个人健康、花卉栽培、水系监测、食品溯源、敌情侦查和情报搜集等多个领域。

物联网应用简明示意图如图 12.2 所示。

图 12.2　物联网应用简明示意图

国际电信联盟于 2005 年的报告曾描绘"物联网"时代的图景：当司机出现操作失误时汽车会自动报警；公文包会提醒主人忘带了什么东西；衣服会"告诉"洗衣机对颜色和水温的要求等。

物联网在物流领域内的应用则如：一家物流公司应用了物联网系统的货车，当装载超重时，汽车会自动告诉你超载了，并且超载多少，但空间还有剩余，告诉你轻重货怎样搭配；当搬运人员卸货时，一只货物包装可能会大叫"你扔疼我了"，或者说"亲爱的，请你不要太野蛮，可以吗？"；当司机在和别人扯闲话，货车会装作老板的声音怒吼"笨蛋，该发车了！"。

2008 年爆发的全球性金融危机，直接或间接地推动了以物联网为核心的第三次信息技术革命。智慧地球、U–Japan、U–Koran、感知中国等，全世界都在部署物联网的发展战略。

## 12.2.1　物联网技术

物联网的概念是在 1999 年提出的，又名传感网，当时它的定义很简单：把所有物品通过射频识别等信息传感设备与互联网连接起来，实现智能化识别和管理。

物联网是新一代信息技术的重要组成部分。物联网的英文名称为"The Internet of Things"。这有两层意思：第一，物联网的核心和基础仍然是互联网，是在互联网基础上的延伸和扩展的网络；第二，其用户端延伸和扩展到了任何物体与物体之间，进行信息交换和通信。

因此，物联网的定义如下：通过射频识别(RFID)、红外感应器、全球定位系统、激光扫描器等信息传感设备，按约定的协议，把任何物体与互联网相连接，进行信息交换和通信，以实现对物体的智能化识别、定位、跟踪、监控和管理的一种网络。

当然，不同国家或地区对物联网的认识也存在一定的差异。按照"中国式"的定义，物联网指的是将无处不在(Ubiquitous)的末端设备(Devices)和设施(Facilities)，包括具备"内在智能"的传感器、移动终端、工业系统、楼控系统、家庭智能设施、视频监控系统等和"外在使能"(Enabled)的，如贴上 RFID 的各种资产(Assets)、携带无线终端的个人与车辆等"智能化物件或动物"或"智能尘埃"(Mote)，通过各种无线和/或有线的长距离和/或短距离通讯网络实现互联互通(M2M)、应用大集成(Grand Integration)以及基于云计算的 SaaS 营运等模式，在内网(Intranet)、专网(Extranet)和/或互联网(Internet)环境下，采用适当的信息安全保障机制，提供安全可控乃至个性化的实时在线监测、定位追溯、报警联动、调度指挥、预案管理、远程控制、安全防范、远程维保、在线升级、统计报表、决策支持、领导桌面(集中展示的 Cockpit Dashboard)等管理和服务功能，实现对"万物"的"高效、节能、安全、环保"的"管、控、营"一体化。

而 2009 年 9 月在北京举办的"物联网与企业环境中欧研讨会"上，欧盟委员会信息和社会媒体司 RFID 部门负责人 Lorent Ferderix 博士给出了欧盟对物联网的定义：物联网是一个动态的全球网络基础设施，它具有基于标准和互操作通信协议的自组织能力，其中物理的和虚拟的"物"具有身份标识、物理属性、虚拟的特性和智能的接口，并与信息网络无缝整合，物联网将与媒体互联网、服务互联网和企业互联网一起，构成未来互联网。

对照前述定义，物联网的基本特点可以归纳如下。

(1) 全面感知：利用 RFID、传感器、二维码及其他各种的感知设备随时随地采集各种动态对象，全面感知世界。

(2) 可靠的传送：利用以太网、无线网、移动网将感知的信息进行实时的传送。

(3) 智能控制：对物体实现智能化的控制和管理，真正达到了人与物的沟通。

物联网结构示意图如图 12.3 所示。

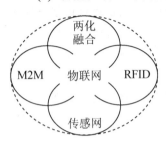

图 12.3 物联网结构示意图

其中 RFID 当前已经成为了市场最为关注的技术。RFID 是 20 世纪 90 年代开始兴起的一种自动识别技术，是目前比较先进的一种非接触识别技术。

以简单 RFID 系统为基础，结合已有的网络技术、数据库技术、中间件技术等，构筑一个由大量联网的阅读器和无数移动的标签组成的，比互联网更为庞大的物联网成为 RFID 技术发展的趋势。

RFID 是能够让物品"开口说话"的一种技术。

在"物联网"的构想中，RFID 标签中存储着规范而具有互用性的信息，通过无线数据通信网络把它们自动采集到中央信息系统，实现物品(商品)的识别，进而通过开放性的计算机网络实现信息交换和共享，实现对物品的"透明"管理。

数据显示，2008 年全球 RFID 市场规模已从 2007 年的 49.3 亿美元上升到 52.9 亿美元，这个数字覆盖了 RFID 市场包括标签、阅读器、其他基础设施、软件和服务等的方方面面。RFID 卡及其相关基础设施将占市场的 57.3%，达 30.3 亿美元。来自金融、安防行业的应用将推动 RFID 卡类市场的增长。国际预测，2009 年中国 RFID 市场规模将达到 50 亿元，年复合增长率为 33%，其中电子标签超过 38 亿元、读写器接近 7 亿元、软件和服务达到 5 亿元的市场格局。

从本质上看，物联网是现代信息技术发展到一定阶段后出现的一种聚合性应用与技术提升，将各种感知技术、现代网络技术和人工智能与自动化技术聚合与集成应用，使人与物智慧对话，创造一个智慧的世界。

物联网的本质概括起来主要体现在三个方面：一是互联网特征，即对需要联网的物一定要能够实现互联互通的互联网络；二是识别与通信特征，即纳入物联网的"物"一定要具备自动识别与物物通信(M2M)的功能；三是智能化特征，即网络系统应具有自动化、自我反馈与智能控制的特点。

物联网的技术架构和应用模式如下。

(1) 从技术架构上来看，物联网可分为三层：感知层、网络层和应用层。

a. 感知层由各种传感器以及传感器网关构成，包括二氧化碳浓度传感器、温度传感器、湿度传感器、二维码标签、RFID 标签和读写器、摄像头、GPS 等感知终端。

感知层的作用相当于人的眼、耳、鼻、喉和皮肤等神经末梢，它是物联网获知识别物体、采集信息的来源，其主要功能是识别物体、采集信息。

b. 网络层由各种私有网络、互联网、有线和无线通信网、网络管理系统和云计算平台等组成，相当于人的神经中枢和大脑，负责传递和处理感知层获取的信息。

c. 应用层是物联网和用户(包括人、组织和其他系统)的接口，它与行业需求结合，实现物联网的智能应用。应用示意图如图 12.4 所示。

图 12.4　物联网应用示意图

物联网的行业特性主要体现在其应用领域内，目前绿色农业、工业监控、公共安全、城市管理、远程医疗、智能家居、智能交通和环境监测等各个行业均有物联网应用的尝试，某些行业已经积累了一些成功的案例。

(2) 根据物联网的实际用途可以归结为三种基本应用模式：

a．对象的智能标签。通过二维码、RFID 等技术标识特定的对象，用于区分对象个体。例如，在生活中我们使用的各种智能卡、条码标签，其基本用途就是用来获得对象的识别信息。

此外通过智能标签还可以用于获得对象物品所包含的扩展信息。例如，智能卡上的金额余额，二维码中所包含的网址和名称等。

b．环境监控和对象跟踪。利用多种类型的传感器和分布广泛的传感器网络，可以实现对某个对象的实时状态的获取和特定对象行为的监控，如使用分布在市区的各个噪声探头以监测噪声污染，通过二氧化碳传感器监控大气中二氧化碳的浓度，通过 GPS 标签跟踪车辆位置，通过交通路口的摄像头捕捉实时交通流程等。

c．对象的智能控制。物联网基于云计算平台和智能网络，可以依据传感器网络获取的数据进行决策，改变对象的行为进行控制和反馈。例如，根据光线的强弱调整路灯的亮度，根据车辆的流量自动调整红绿灯间隔等。

要真正建立一个有效的物联网，有两个重要因素：一是规模性，只有具备了规模，才能使物品的智能发挥作用。例如，一个城市有 100 万辆汽车，如果我们只在 1 万辆汽车上安装智能系统，就不可能形成一个智能交通系统。二是流动性，物品通常都不是静止的，而是处于运动的状态，必须保持物品在运动状态甚至高速运动状态下能随时实现对话。

### 12.2.2　国内外物联网发展现状

1．国外物联网发展现状

物联网的实践最早可以追溯到 1990 年美国施乐公司的网络可乐贩售机——Networked Coke Machine。1995 年，比尔·盖茨在其《未来之路》一书中已提及物联网的概念。

1999 年在美国召开的移动计算和网络国际会议首先提出物联网这个概念，是 MIT Auto-ID 中心的 Ashton 教授在研究 RFID 时最早提出来的，并提出了结合物品编码、RFID 和互联网技术的解决方案。

当时基于互联网、RFID 技术、EPC 标准，在计算机互联网的基础上，利用射频识别技术、无线数据通信技术等，构造了一个实现全球物品信息实时共享的实物互联网"Internet of things"(简称物联网)，这也是在 2003 年掀起第一轮华夏物联网热潮的基础。2003 年，美国《技术评论》提出传感网络技术将是未来改变人们生活的十大技术之首。

2005 年 11 月 17 日，在突尼斯举行的信息社会世界峰会(WSIS)上，国际电信联盟(ITU)发布了《ITU 互联网报告 2005：物联网》。报告指出，无所不在的"物联网"通信时代即将来临，世界上所有的物体从轮胎到牙刷、从房屋到纸巾都可以通过互联网主动进行交换。射频识别技术、传感器技术、纳米技术、智能嵌入技术将到更加广泛的应用。

2009 年 1 月，当时的 IBM 公司首席执行官彭明盛提出"智慧地球"构想，其中物联网为"智慧地球"不可或缺的一部分，而美国总统奥巴马在就职演讲后已对"智慧地球"构想提出积极回应，并提升到国家级发展战略。IBM 认为，IT 产业下一阶段的任务是把新一代 IT 技术充分运用在各行各业之中，具体地说，就是把感应器嵌入和装备到电网、铁路、桥梁、隧道、公路、建筑、供水系统、大坝、油气管道等各种物体中，并且被普遍连接，形成物联网。在策略发布会上，IBM 还提出，如果在基础建设的执行中，植入"智慧"的理念，不仅能够在短期内有力的刺激经济、促进就业，而且能够在短时间内为中国打造一个成熟的智慧基础设施平台。IBM 希望"智慧的地球"策略能掀起"互联网"浪潮之后的又一次科技产业革命。

日本 U-Japan 战略希望实现从有线到无线、从网络到终端，包括认证、数据交换在内的无缝链接泛在网络环境，100%的国民可以利用高速或超高速网络；而韩国也实现了类似的发展，配合 u-Korea 推出的 u-Home 是韩国的 u-IT839 八大创新服务之一，智能家庭最终让韩国民众能通过有线或无线的方式远程控制家电设备，并能在家享受高质量的双向与互动多媒体服务。

2. 国内物联网发展现状

2004 年年初，全球产品电子代码管理中心授权中国物品编码中心为国内代表机构，负责在中国推广 EPC 与物联网技术，同年 4 月在北京建立了第一个 EPC 与物联网概念演示中心。2005 年，国家烟草专卖局的卷烟生产经营决策管理系统实现用 RFID 出库扫描、商业企业到货扫描。许多制造业也开始在自动化物流系统中尝试应用 RFID 技术。

2009 年 8 月 7 日，当时的国务院总理温家宝在无锡调研时，对微纳传感器研发中心予以高度关注，提出了把"感知中国"中心设在无锡、辐射全国的想法。物联网被正式列为国家五大新兴战略性产业之一，写入"政府工作报告"，物联网在中国受到了全社会极大的关注，其受关注程度是在美国、欧盟以及其他各国家或地区所不可比拟的。

无锡市则作出部署：举全市之力，抢占新一轮科技革命制高点，把无锡建成传感网信息技术的创新高地、人才高地和产业高地。

2009 年 9 月 11 日,"传感器网络标准工作组成立大会暨'感知中国'高峰论坛"在北京举行,会议提出了传感网发展相关政策。2009 年 9 月 14 日,《国家中长期科学与技术发展规划(2006—2020 年)》和"新一代宽带移动无线通信网"重大专项中均将传感网列入重点研究领域。

中国科学院无锡微纳传感网工程技术研发中心(以下简称"无锡传感网中心")是国内目前研究物联网的核心单位之一。作为"感知中国"的中心,无锡市于 2009 年 9 月与北京邮电大学就传感网技术研究和产业发展签署合作协议,涉及光通信、无线通信、计算机控制、多媒体、网络、软件、电子、自动化等技术领域,包括应用技术研究、科研成果转化和产业化推广等。

对于物联网在国内的市场空间,权威机构预测,仅"产业排头兵"RFID 领域,2009 年国内市场规模就将达 50 亿元,年复合增长率为 33%,其中会形成电子标签超过 38 亿元、读写器接近 7 亿元、软件和服务达到 5 亿元的市场格局。而业内人士估计,中国物联网产业链今年就能创造约 1000 亿元产值,并成为下一个万亿元级信息产业引擎。

### 12.2.3 物联网认识方面的误区

物联网认识方面的误区之一,把传感网或 RFID 网等同于物联网。事实上传感技术也好、RFID 技术也好,都仅仅是信息采集技术之一。除传感技术和 RFID 技术外,GPS、视频识别、红外线、激光、扫描等所有能够实现自动识别与物物通信的技术都可以成为物联网的信息采集技术。因此,传感网或者 RFID 网只是物联网的一种应用,但绝不是物联网的全部。

物联网认识方面的误区之二,把物联网当成互联网向物无限延伸,实现全部物互联与共享信息的"物物互联平台"。实际上物联网绝不是简单全球共享互联网的无限延伸,现实中没必要也不可能使全部物品联网;现实中也没必要使专业物联网、局域物联网都必须连接到全球互联网共享平台;今后的物联网与互联网会有很大不同,类似智慧物流、智能交通、智能电网等专业网,智能小区等局域网才是最大的应用空间。

物联网认识方面的误区之三,认为物联网是空中楼阁,是目前很难实现的技术。事实上物联网是实实在在的,很多初级的物联网应用早就在为我们服务了。物联网理念就是在很多现实应用基础上推出的聚合型集成的创新,是对早就存在的具有物物互联的网络化、智能化、自动化系统的概括与提升,它从更高的角度升级了我们的认识。

物联网认识方面的误区之四,把物联网功能范围扩大化,基于自身认识,把仅仅能够互动、通信的产品都当成物联网应用。例如,仅仅嵌入了传感器,就成为了所谓的物联网家电;贴上了 RFID 标签,就成了物联网应用等。

### 12.2.4 物联网在物流业中的应用

物流业最早接触物联网理念,是 2003—2004 年物联网第一轮热潮中被寄予厚望的一个行业。中国物流技术协会从 2009 年 10 月开始全面倡导智慧物流变革。

物流业是物联网早就落地的行业之一,很多物流系统采用了红外线、激光、无线、编码、认址、自动识别、传感、RFID、卫星定位等高新技术，已经具备了信息化、网络化、集成化、智能化、柔性化、敏捷化、可视化等先进技术特征。新信息技术在物流系统的集成应用就是物联网在物流业应用的体现。

宁波市也提出了"智慧宁波"的发展战略口号，其中以"第四方物流"为代表的物流业发展和物联网应用是"智慧宁波"提升的重要着力点。

目前相对成熟的物联网应用主要有四大领域。

1) 产品的智能可追溯网络系统

目前，在医药、农产品、食品、烟草等行业领域，产品追溯体系发挥着货物追踪、识别、查询、信息采集与管理等方面的巨大作用，已有很多成功应用，如图 12.5 所示。

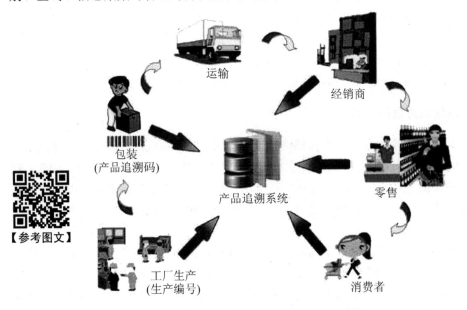

**图 12.5　产品的智能可追溯网络系统**

2) 物流过程的可视化智能管理网络系统

可视化智能管理网络系统是基于 GPS 卫星导航定位、RFID、传感等多种技术，在物流过程中实时实现车辆定位、运输物品监控、在线调度与配送可视化与管理的系统。目前，初级的应用比较普遍。

3) 智能化的企业物流配送中心

智能化的企业物流配运中心是基于传感、RFID、声、光、机、电、移动计算等各项先进技术建立的全自动化的物流配送中心。借助配送中心智能控制、自动化操作的网络，可实现商流、物流、信息流、资金流的全面协同。目前一些先进的自动化物流中心，基本实现了机器人队码垛，无人搬运车搬运物料，分拣线上开展自动分拣，计算机控制堆垛机自动完成出入库，整个物流作业与生产制造实现了自动化、智能化与网络化。这也是物联网的初级应用。

4) 企业的智慧供应链

在竞争日益激烈的今天，面对着大量的个性化需求与订单，怎样能使供应链更加智慧？怎样才能做出准确的客户需求预测？这些是企业经常遇到的现实问题。这就需要智慧物流和智慧供应链的后勤保障网络系统支持。打造智慧供应链，是 IBM 智慧地球解决方案重要的组成部分，也有一些应用案例。

目前，物联网在物流行业的应用、在物品可追溯领域的技术与政策等条件都已经成熟，应加快全面推进；在可视化与智能化物流管理领域应该开展试点，力争取得重点突破，取得有示范意义的案例；在智能物流中心建设方面需要物联网理念进一步提升，加强网络建设和物流与生产的联动；在智能配货的信息化平台建设方面应该统一规划，全力推进。

物联网虽然早已在物流业得到应用，但是物联网理念的提出对现实中局部的、零散的物流智能网络技术应用有了一种系统的提升，契合了现代物流的智能化、自动化、网络化、可视化、实时化的发展趋势。物联网对物流业的影响将是全方位的，因为现代物流业最需要现代信息技术的支撑。首先，物联网的理念开阔了我们的视野，提高了我们的认识，让我们能够主动地全面提升物流业智能化、自动化与信息化水平，统一理念，开拓思路，借助于新的传感技术、RFID 技术、GPS 技术、视频监控技术、移动计算技术、无线网络传输技术、基础通信网络技术和互联网技术的发展，全面开创智慧物流新时代。其次，物联网必将带来物流配送网络的智能化，带来敏捷智能的供应链变革，带来物流系统中物品的透明化与实时化管理；实现重要物品的可跟踪与追溯管理。相信随着物联网的发展，一个智慧物流的美好前景会很快实现。

随着物联网理念的引入，技术的提升，政策的支持，相信未来物联网将给中国物流业带来革命性的变化，中国智慧物流将迎来大发展的时代。

### 12.2.5　未来物联网在物流业的应用将出现的几大趋势

1) 智慧供应链与智慧生产融合

随着 RFID 技术与传感器网络的普及，物与物的互联互通，将给企业的物流系统、生产系统、采购系统与销售系统的智能融合打下基础，而网络的融合必将产生智慧生产与智慧供应链的融合，企业物流完全智慧地融入企业经营之中，打破工序、流程界限，打造智慧企业。

2) 智慧物流网络开放共享，融入社会物联网

物联网是聚合型的系统创新，必将带来跨行业的应用。例如，产品的可追溯智能网络就可以方便地融入社会物联网，开放追溯信息，让人们方便地实时查询、追溯产品信息。今后其他的物流系统也将根据需要融入社会物联网或与专业智慧网络互通，智慧物流也将成为人们智慧生活的一部分。

3) 多种物联网技术集成应用于智慧物流

目前在物流业应用较多的感知手段主要是 RFID 和 GPS 技术，今后随着物联网技术发展，传感技术、蓝牙技术、视频识别技术、M2M 技术等多种技术也将逐步集成应用于现代物流领域，用于现代物流作业中的各种感知与操作。例如：温度的感知用于冷链；侵入系统的感知用于物流安全防盗；视频感知用于各种控制环节与物流作业引导等。

#### 12.2.6 物联网在物流业应用和发展中需要注意的几大问题

物联网在物流业发展前景光明，但是面对物联网热潮，我们也要保持冷静，不要不顾实际去跟风炒作。具体而言应该注意以下三个问题。

1) 切记浮躁心态

近期以来，关于物联网的发展新概念风起云涌。新技术受到普遍关注这正常的，但不正常的是不去实实在在地推进，而是一窝蜂地炒作概念。

2) 尽快制定统一标准

物联网的发展与应用，向上关联到众多物联网技术企业，中间关联着电信等网络层运营商，向下关联着众多应用企业。物流行业仅仅是应用行业之一，因此，物联网发展迫切需要统一标准，切忌各自为战。

3) 不能一窝蜂

物联网在物流行业应用应该实实在在，既不要把物联网神秘化，更不能把物联网虚拟化。要认识物联网的真实属性和本质，在此基础上大力推进智慧物流的发展。

#### 12.2.7 物联网的其他成功应用案例

物联网传感器产品已率先在上海浦东国际机场防入侵系统中得到应用。系统铺设了 3 万多个传感节点，覆盖了地面、栅栏和低空探测，可以防止人员的翻越、偷渡、恐怖袭击等攻击性入侵。而就在不久之前，上海世界博览会也与无锡传感网中心签下订单，购买防入侵微纳传感网 1500 万元产品。

ZigBee 路灯控制系统点亮济南园博园。ZigBee 无线路灯照明节能环保技术的应用是此次园博园中的一大亮点。园区所有的功能性照明都采用了 ZigBee 无线技术达成的无线路灯控制。

智能交通系统(ITS)，是以现代信息技术为核心，利用先进的通讯、计算机、自动控制、传感器技术，实现对交通的实时控制与指挥管理。

交通信息采集被认为是 ITS 的关键子系统，是发展 ITS 的基础，成为交通智能化的前提。无论是交通控制还是交通违章管理系统，都涉及交通动态信息的采集，因此也就成为交通智能化的首要任务。

首家高铁物联网技术应用中心在苏州投用。我国首家高铁物联网技术应用中心于 2010 年 6 月 18 日在苏州科技城投用，该中心将为高铁物联网产业发展提供科技支撑。高铁物联网作为物联网产业中投资规模最大、市场前景最好的产业之一，正在改变人类的生产和生活方式。据中心工作人员介绍，以往购票、检票的单调方式，将在这里升级为人性化、多样化的新体验。

刷卡购票、手机购票、电话购票等新技术的集成使用，让旅客可以摆脱拥挤的车站购票；与地铁类似的检票方式，则可实现持有不同票据旅客的快速通行。

清华易程公司工作人员表示，为应对中国巨大的铁路客运量，该中心研发了目前世界上最大的票务系统，每年可处理 30 亿人次，而目前全球在用系统的最大极限是 5 亿人次。

EPoSS 在"Internet of Things in 2020"报告中分析预测，未来物联网的发展将经历四个阶段：2010 年之前 RFID 被广泛应用于物流、零售和制药领域；2010—2015 年物体互联；2015—2020 年物体进入半智能化；2020 年之后物体进入全智能化。以农业物联网发展为例，趋势预测见表 12-1。

表 12-1　农业物联网关键技术发展趋势预测

| 关键技术 | 2010—2015 年 | 2015—2020 年 | 2020 年以后 |
|---|---|---|---|
| 身份识别技术 | 统一 RFID 国际化标准<br>RFID 器件低成本化<br>身份识别传感器开发 | 发展先进动物身份识别技术<br>高可靠性身份识别 | 发展动物 DNA 识别技术 |
| 物联网架构技术 | 发展物联网基本架构技术<br>广域网与广域网架构技术<br>多物联网协同工作技术 | 高可靠性物联网架构<br>自适应物联网架构 | 认知型物联网架构<br>经验型物联网架构 |
| 通信技术 | RFID，UWB，Wi-Fi，WiMax，Bluetooth，ZigBee，RuBee，ISA100，6LoWPAN | 低功耗射频芯片<br>片上天线<br>毫米波芯片 | 宽频通信技术<br>宽频通信标准 |
| 传感器技术 | 生物传感器<br>低功耗传感器<br>工业传感器在农业的应用 | 农业传感器小型化<br>农业传感器可靠性技术 | 微型化农业传感器 |
| 搜索引擎技术 | 发展分布式引擎架构<br>基于语义学的搜索引擎 | 搜索与身份识别关联技术 | 认知型搜索引擎<br>自治型搜索引擎 |
| 信息安全技术 | 发展 RFID 安全机制<br>发展 WSN 安全机制 | 物联网的安全型与隐私性评估系统 | 自适应的安全系统开发以及相应协议制定 |
| 信号处理技术 | 大型开源信号处理算法库<br>实时信号处理技术 | 物与物协作算法<br>分布式智能系统 | 隐匿性物联网<br>认知优化算法 |
| 电源与能量存储技术 | 超薄电池<br>实时能源获取技术<br>无线电源初步应用 | 生物能源获取技术<br>能源循环与再利用<br>无线电源推广 | 生物能电池<br>纳米电池 |

物联网把新一代 IT 技术充分运用在各行各业之中，具体地说，就是把感应器嵌入和装备到电网、铁路、桥梁、隧道、公路、建筑、供水系统、大坝、油气管道等各种物体中，然后将物联网与现有的互联网整合起来，实现人类社会与物理系统的整合，在这个整合的网络当中，存在能力超级强大的中心计算机群，能够对整合网络内的人员、机器、设备和基础设施实施实时的管理和控制，在此基础上，人类可以以更加精细和动态的方式管理生产和生活，达到"智慧"状态，提高资源利用率和生产力水平，改善人与自然界的关系。

毫无疑问，如果"物联网"时代来临，人们的日常生活将发生翻天覆地的变化。然而，不谈隐私权和辐射问题，单把所有物品都植入识别芯片这一点现在看来还不太现实。因此，虽然人们正走向"物联网"时代，但这个过程可能需要很长的时间，前面的路任重道远。

**问题思考与讨论话题：**

1．结合实例说明物联网在精细农业、旅游业、医疗卫生、工业生产领域等的应用。

2．比较 WSN 和物联网的异同点。

3．分小组讨论物联网中传感技术应用的地位，举实例说明。

4．分组讨论并说明一维码、二维码、接触式 IC 卡、非接触式 IC 卡、RFID 标签、二代身份证识别和指纹识别等的识别原理和信息读取的关键技术。

# 第 **13** 章
# 传感器在现代检测系统中的应用

### 教 学 目 标

　　本部分内容主要是以传感器在智能楼宇中的具体应用为例来说明现代检测系统中传感器的具体应用情况。

　　通过本章的学习，熟悉传感器应用的综合集成；了解智能建筑各部分中传感器的应用情况，建立整体构架。

### 教 学 要 求

| 知识要点 | 能力要求 | 相关知识 |
|---|---|---|
| 传感器与智能楼宇 | (1) 熟悉传感器应用的综合集成<br>(2) 了解智能建筑传感器应用情况 | 智能楼宇中的传感器应用 |

本章主要以传感器在智能楼宇中的具体应用为例来说明现代检测系统中传感器的具体应用情况。

自 1984 年美国建成第一座智能楼宇以来，智能楼宇在世界各国建筑物中的比例越来越大。智能楼宇或智能建筑(IB)是信息时代的产物，是计算机及传感器应用的重要方面。

智能楼宇包括五大主要特征：楼宇自动化(BA)、防火自动化(FA)、通信自动化(CA)、办公自动化(OA)、信息管理自动化(MA)。

人们对智能化建筑的要求包括以下几个方面：高度安全性，包括防火、防盗、防爆、防泄漏等；舒适的物质环境与物理环境；先进的通信设施与完备的信息处理终端设备；电器与设备的自动化及智能化控制。

智能楼宇采用网络化技术，把通信、消防、安防、门禁、能源、照明、空调、电梯等各个子系统统一到设备监控站(IP 网络平台)上。

集成的楼宇管理系统能够使用网络化、智能化、多功能化的传感器和执行器，传感器和执行器通过数据网和控制网连接起来，与通信系统一起形成整体的楼宇网络，并通过宽带网与外界沟通。

智能家居结构如图 13.1 所示，家居防盗如图 13.2 所示。

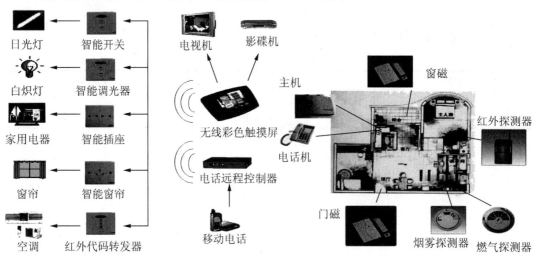

图 13.1　智能家居结构　　　　　图 13.2　家居防盗

下面结合智能楼宇的各个功能模块，概要地介绍一下传感器与检测系统的实际应用情况，通过这样的实例说明，让读者对现代系统应用和工程应用背景等有一定的了解。

1. 空调系统的监控

空调系统监控的目的：既要提供温湿度适宜的环境，又要求节约能源。其监控范围为制冷机、热力站、空气处理设备(空气过滤、热湿交换)、送排风系统、变风量末端(送风口)等。空调系统示意图、空调制冷机组示意图和自动供热系统示意图分别如图 13.3～图 13.5 所示。

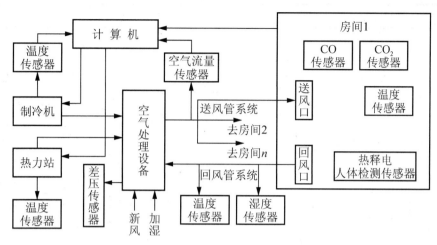

图 13.3　空调系统示意图

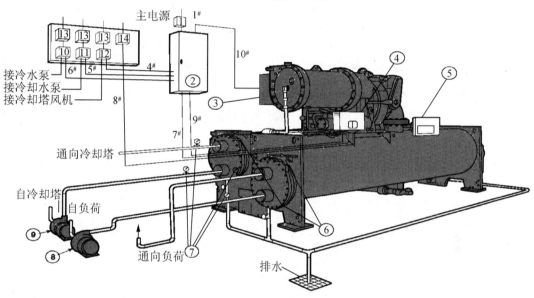

图 13.4　空调制冷机组示意图

1—断路器；2—独立的压缩机电机启动器；3—压缩机电机接线箱；4—冷水机动力盘；5—控制箱；
6—放气；7—压力表；8—冷冻水泵；9—冷凝器水泵；10—冷冻水泵启动器；11—冷凝水泵启动器；
12—冷却塔风机启动器；13—断路器；14—油泵断路器

### 2.　给排水系统

给排水系统的监控和管理由现场监控站和管理中心来实现，其最终目的是实现管网的合理调度。也就是说，无论用户水量怎样变化，管网中各个水泵都能及时改变其运行方式，保持适当的水压，实现泵房的最佳运行；监控系统还随时监视大楼的排水系统，并自动排水；当系统出现异常情况或需要维护时，系统将产生报警信号，通知管理人员处理。

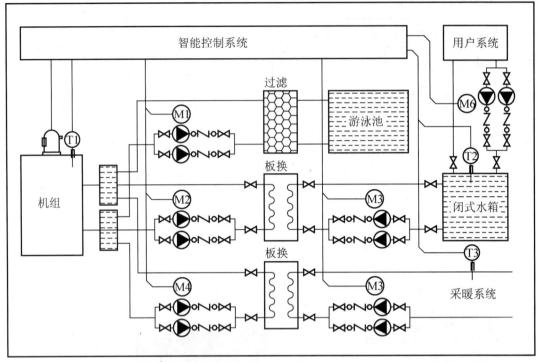

图 13.5　自动供热系统示意图

给排水系统的监控主要包括水泵的自动启停控制、水位流量和压力的测量与调节；用水量和排水量的测量；污水处理设备运转的监视、控制、水质检测；节水程序控制；故障及异常状况的记录等。现场监控站内的控制器按预先编制的软件程序来满足自动控制的要求，即根据水箱和水池的高、低水位信号来控制水泵的启、停及进水控制阀的开关，并且进行溢水和停水的预警等。当水泵出现故障时，备用水泵则自动投入工作，同时发出报警信号。给排水系统监控原理框图如图 13.6 所示。

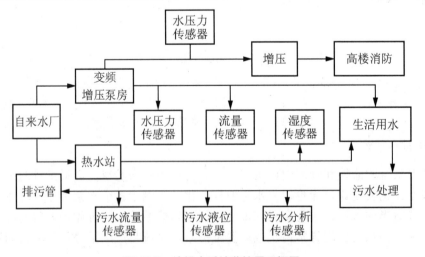

图 13.6　给排水系统监控原理框图

采用变频供水系统取代屋顶水箱，稳定水压。变频控制供水机组如图 13.7 所示。

【参考图文】

图 13.7　变频控制供水机组

3．供配电与照明系统监控

智能楼宇的最大特点之一是节能，而照明系统在整个楼宇的用电量中占有很大的比例。作为一个大型高级建筑物，灯光系统控制水平的高低直接反映了大楼的智能化水平。供配电系统对如下参数进行监视：电压、电流、视在功率、功率因数、频率等指标，并自动进行功率因数补偿。为了节电，当传感器长期感应不到有人走动时，自动关闭该区域的灯光照明。

当楼宇内的供配电出现故障时，传感器和计算机必须在极短的时间里向监控中心报告故障的部位和原因，供电系统将立即启动 UBS 或自备发电机，向重要供电对象(如计算机系统)提供电力，以免系统崩溃。通常采用的楼宇低压成套配电柜如图 13.8 所示。当然应急 UPS 等设备也需要配备。

【参考图文】

图 13.8　楼宇低压成套配电柜

### 4. 火灾监视、控制系统

火情、火灾报警传感器主要有感烟传感器、感温传感器以及紫外线火焰传感器。从物理作用区分，可分为离子型、光电型等；从信号方式区分，可分为开关型、模拟型及智能型等。在重点区域必须设置多种传感器，同时对现场加以监测，以防误报警；还应及时将现场数据经控制网络向控制系统汇总。获得火情后，系统就会自动采取必要的措施，经通信网络向有关职能部门报告火情，并对楼宇内的防火卷帘门、电梯、灭火器、喷水头、消防水泵、电动门等联动设备下达启动或关闭的命令，以使火灾得到即时控制，还应启动公共广播系统，引导人员疏散。火灾、安防监控系统实例如图 13.9 所示。

【参考图文】

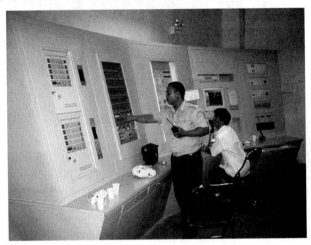

图 13.9　火灾、安防监控系统实例

火灾报警联动控制器中的消火栓按钮如图 13.10 所示，它是一种大型的智能化报警系统，该系统是由多个微处理器组成，采用了先进的软件结构和智能化网络分布处理技术，具备火灾探测、消防联动等功能。

图 13.10　火灾报警联动控制器中的消火栓按钮

火灾报警联动控制器由多个微处理器组成，采用了先进的软件结构和智能化网络分布处理技术，具备火灾探测、消防联动等功能。如图 13.11 所示，火灾报警联动控制器能将智能楼宇的灾情自动传送到消防部门的计算机系统中。

图 13.11　火灾报警联动控制器

　　火灾感知传感器及玻璃球洒水喷头如图 13.12 所示，当发生火灾时，温度升高使玻璃球爆裂，高压自来水自动喷出。

图 13.12　火灾感知传感器及玻璃球洒水喷头

5.　门禁、防盗系统

　　出入口控制系统又称为门禁管理系统，是对楼宇内外的出入通道进行智能管理的系统，门禁系统属公共安全管理系统范畴。在楼宇内的主要管理区、出入口、电梯厅、主要设备控制中心机房、贵重物品的库房等重要部位的通道口，安装门禁控制装置，由中心控制室监控。

　　各门禁控制单元一般由门禁读卡模块、智能卡读卡器、指纹识别器(今后可能还有视网膜识别器)、电控锁或电动闸门、开门按钮等系统部件组成。人员通过受控制的门或通道时，必须在门禁读卡器前出示代表其合法身份的授权卡或密码后才能通行。

　　门禁的几个主要部件示意图如图 13.13 所示。

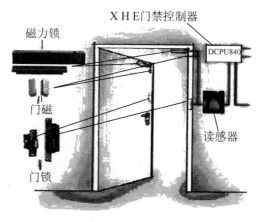

图 13.13　门禁的几个主要部件示意图

指纹门禁网络连接如图 13.14 所示。

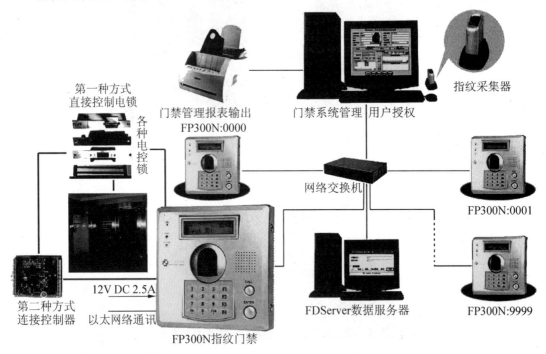

图 13.14　指纹门禁网络连接

6. 智能楼宇的电视监控

智能楼宇通常在重要通道上方安装电视监控系统。在人们无法或不宜直接观察的场合，实时、形象和真实地反映被监视的可疑对象画面。一台监视器可分割成十几个区域，以供工作人员观察十几个 CCD 摄像探头的信号，并自动将画面存储于计算机的硬盘内。当画面静止不变时，所占用的字节数极少，可存储一个月以上的画面；当画面发生变化时，可给工作人员发出提示信号。使用计算机还便于调阅在此期间任何时段的画面，还可放大、增亮、锐化有关细节。某一实时监控及可视对讲系统如图 13.15 所示。

【参考图文】

图 13.15　实时监控及可视对讲系统

实时监控系统的计算机数据历史记录如图 13.16 所示。

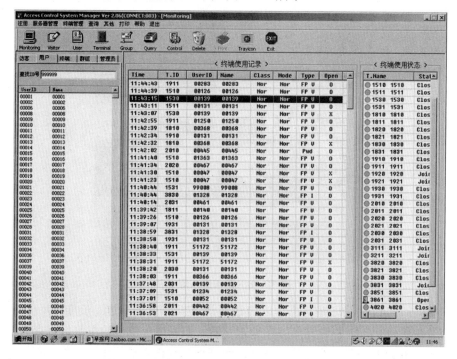

图 13.16　实时监控系统的计算机数据历史记录

### 7. 停车监控系统

在智能楼宇内，多配置有地下车库，车库综合管理系统监控车辆的进入，指示停车位置，禁止无关人员闯入，甚至能自动登录车牌号码。

停车监控原理框图如图 13.17 所示。

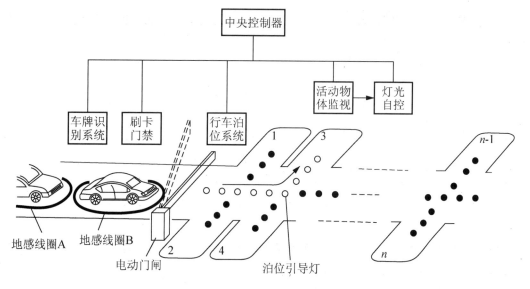

图 13.17　停车监控原理框图

在一些系统中，使用感应读卡器，可以在 1m 开外读出进出车辆的信息。还有一些系统使用图像传感器。读卡进入视场如图 13.18 所示。

图 13.18　读卡进入现场

当车辆驶近入口时，地感线圈(电涡流线圈)感应到车辆的速度、长度，并启动 CCD 摄像机，将车牌影像摄入，并送到车牌图像识别器，形成进入车辆的车牌数据存入管理系统的计算机内，并分配停车泊位。当管理系统允许该车辆进入后，电动车闸栏杆自动开启。进库的车辆在停车引导灯的指挥下，停到规定的位置。

8. 电梯的运行管理

电梯是智能楼宇的重要设备，是机械、电气紧密结合的产品。电梯的使用对象是人，因此必须确保万无一失。在电梯运行管理中，传感器起到十分重要的作用。电梯有垂直升降式和自动扶梯式两大类。

轿厢是乘人、运货的设备，人、货进入轿厢后，随轿厢上下运动而到达所要求的楼层。轿厢的上下运动是由电动机、曳引机、曳引轮和配重等装置配合完成的。在电梯中，有很多检测装置用于电梯控制，如电梯的平层控制、选层控制、门系统控制等。

电梯门有层门和轿门之分，层门设在每层的入口处，在层门旁有指示向上、向下的按钮；轿门设在轿厢靠近层门的一侧，供乘客或货物进出。层门和轿门的开启和关闭是同步进行的，为保证乘客或货物的安全，在电梯门的入口处都带有安全保护装置。多数电梯采用光电式保护装置。在轿门边上安装两道水平光电装置，选用对射式红外光电开关，对整个开门宽度进行检测。在轿门关闭的过程中，只要乘客或货物遮断任一道光路，门都会重新开启，待乘客进入或离开轿厢后才继续完成关闭动作。

总的来说，智能楼宇中传感器的应用非常广泛，同时系统集成度和整体检测及控制要求也是非常高的，尤其是稳定性、可靠性等方面的考虑。

从这个具体应用实例可以看出传感器在现代检测系统中的应用是非常广泛的，具体要求也是很高的，而其他相关领域的应用这里不再一一赘述。

# 附录

# 实 验

实验过程及报告等相关事项见下边的二维码视频讲解。

【精讲微课】

## 实验一　555报警器电路的设计与制作

1. 实验内容视频微课

【精讲微课】　　　　　　　　【精讲微课】

2. 基本参考电路

电路中555(0)构成单稳态电路，555(1)构成多谐振荡器电路，主要达到"亮、闪、响"的效果。具体给的延时时间和输出频率大家可以根据需要自己调整相应参数来设置。

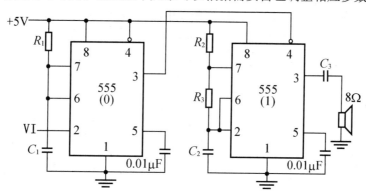

实验一　参考电路图

3. 电路设计、制作与调试

(1) 据实际需要选择合适参数的元器件，完善应用电路设计。

(2) 制作电路板并焊接电路。

(3) 调试电路，总结整个工作过程。

**4. 现场报告撰写和整体报告完成**

(1) 按照要求完成课堂现场的一张纸报告撰写。

(2) 把现场调试的照片(2-3张)、现场调试讲解的视频(给链接和标题说明即可)和经指导老师签字确认的一张纸报告照片等一起上传到 MOODLE 平台。

**5. 问题思考和知识点拓展**

(1) 如果要改变定时时间(比如需要 10 秒延时)可以考虑调整哪些参数？给出具体计算公式。

(2) 为了使响、闪起来的效果更好，在有关参数设置上是如何考虑的？

(3) 接上电源，如果制作的电路就会又亮又闪又响的，思考一下会是什么原因导致这样的结果出现？

(4) 总结一下实际制作和调试过程中相关问题及对应的原因。

# 实验二　酒精检测报警电路设计与制作

**1. 实验内容视频微课**

【精讲微课】

**2. 基本参考电路**

电路中 MQ-3 对应 6 个引脚的这种接法是常见的，这里的 $R_1$ 所在回路这样的接法主要是为了加热考虑，$R_2$ 和 MQ-3 接成了分压电路，RP 和 U1A 接成了电压比较器电路，LED 指示灯主要是显示输出的是高电平还是低电平。

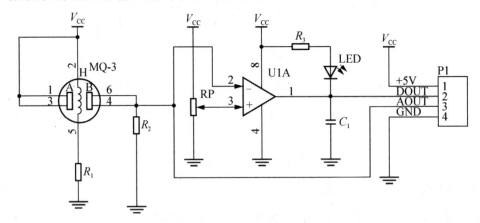

实验二　参考电路图

3. 电路设计、制作与调试

(1) 根据参考电路选择合适参数的元器件，完善应用电路设计。

(2) 制作电路板并焊接电路。

(3) 调试电路。

(4) "实验二参考电路图"与 555 报警电路连接起来进行调试。

4. 现场报告撰写和整体报告完成

(1) 按照要求完成课堂现场的一张纸报告撰写。

(2) 把现场调试的照片(2-3张)、现场调试讲解的视频(给链接和标题说明即可)和经指导老师签字确认的一张纸报告照片等一起上传到 MOODLE 平台。

5. 问题思考和知识点拓展

(1) 思考一下如果这里的检测对象是 CO 气体或者是其他还原性气体，该如何改动相关电路？或将在此电路上作哪些相关变动后可得到所需要的气体检测电路？

(2) 此模块在实际调试中需要考虑哪些实际问题？尤其是环境因素的综合考虑。

(3) 为什么需要考虑预热？为什么酒精直接擦在传感器表面会导致结果的不准确？

(4) 在参考电路图的基础上构建一个此类检测的共性模型。

(5) 本参考电路还可以做哪些方面的改进？结合应用场合来说明。

# 实验三　光电测试与报警电路设计

1. 实验内容视频微课

【精讲微课】

2. 基本参考器件或电路

光电开关选用市场上常见的欧姆龙 E18-B03N。光电断路器应用电路中运放选用 LM393，光电断路器选用 TCRT5000，LED 指示灯主要是显示输出的是高电平还是低电平。

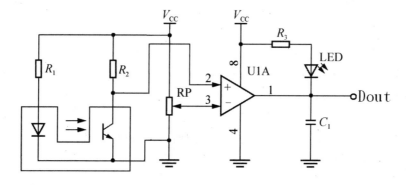

实验三　参考电路图

3. 电路调试与设计

(1) 对选定的光电开关进行基本功能的测试。

(2) 结合参考应用电路进行相关设计，确定相关参数，并进行电路制作、焊接等。

(3) 调试光电断路器应用电路。

(4) 光电开关、"实验三参考电路图"对应的分别与 555 报警电路连接起来进行调试。

4．现场报告撰写和整体报告完成

(1) 按照要求完成课堂现场的一张纸报告撰写。

(2) 把现场调试的照片(2-3张)、现场调试讲解的视频(给链接和标题说明即可)和经指导老师签字确认的一张纸报告照片等一起上传到 MOODLE 平台。

5．问题思考和知识点拓展

(1) 光电开关的测试实验中,你拿到手的是哪种类型的光电开关(实验室有两种的)？结合网上资料总结一下，并给出它的内部结构图等相关资料。

(2) 光电断路器的测试中，遮光和不遮光对应的指示灯亮灭情况如何？用万用表测试一下对应输出脚的电压高低情况。

(3) 查阅相关资料，总结光电传感器报警应用电路设计中需要考虑哪些因素的影响？

(4) 本参考电路还可以做哪些方面的改进？结合应用场合来说明。

# 实验四　霍尔报警电路设计与制作

1．实验内容视频微课

【精讲微课】

2．基本参考电路

霍尔传感器选用集成 3144，具体它的相关资料自己查找一下。运放选用 LM393，3144 的 3 脚输出、RP 和 U1A 接成了电压比较器电路，LED 指示灯主要是显示输出的是高电平还是低电平。

3．电路设计、制作与调试

(1) 查阅 3144 的相关资料，根据参考电路选择合适参数的元器件，完善应用电路设计。

(2) 制作电路板并焊接电路。

(3) 调试电路。

(4) "实验四参考电路图"与 555 报警电路连接起来进行调试。

4．现场报告撰写和整体报告完成

(1) 按照要求完成课堂现场的一张纸报告撰写。

(2) 把现场调试的照片(2-3张)、现场调试讲解的视频(给链接和标题说明即可)和经指导老师签字确认的一张纸报告照片等一起上传到 MOODLE 平台。

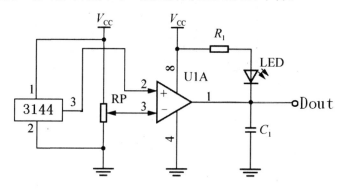

实验四　参考电路图

5. 问题思考和知识点拓展

(1) 磁铁的 N 极和 S 极靠近 3144，结果会有什么不一样？说明理由。

(2) 实际调试中哪些因素会影响实际的结果？

(3) 3144 集成霍尔传感器在使用中需要注意哪些问题？总结工作规律。

(4) 拓展一下，现实生活中有哪些场合有这类集成霍尔传感器的应用。

(5) 本参考电路还可以做哪些方面的改进？可以结合应用场合来说明。

# 实验五　温度报警电路设计与制作

1. 实验内容视频微课

【精讲微课】

2. 基本参考电路

电路中 R1 和 RT(温度传感器)构成分压电路；运放选用 LM393，构成电压比较器电路，LED 灯指示高低电平关系。

3. 电路设计、制作与调试

(1) 根据参考电路选择合适参数的元器件，并完善应用电路设计。

(2) 制作电路板并焊接电路。

(3) 调试电路。

(4) "实验五参考电路图"与 555 报警电路连接起来进行调试。

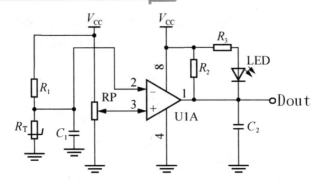

实验五　参考电路图

**4. 现场报告撰写和整体报告完成**

(1) 按照要求完成课堂现场的一张纸报告撰写。

(2) 把现场调试的照片(2-3张)、现场调试讲解的视频(给链接和标题说明即可)和经指导老师签字确认的一张纸报告照片等一起上传到 MOODLE 平台。

**5. 问题思考和知识点拓展**

(1) RT 选用 NTC 或 PTC，结果上会有什么不一样？结合理论知识分析一下。

(2) RP 调得过大或者过小对结果会有什么样的影响？

(3) 电路中 C1 和 C2 为什么要这样接，各自的作用是什么？

(4) 结合调试结论和理论分析，综述温度变化到最后报警电路工作的整个过程。

(5) 本参考电路还可以做哪些方面的改进？可以结合应用场合来说明。

# 实验六　湿度报警电路设计与制作

**1. 实验内容视频微课**

【精讲微课】

**2. 基本参考电路**

电路中 RS 为湿敏电阻，运放选用 LM393，LED 指示灯主要是显示输出的是高电平还是低电平。具体相关参数的选择自己查阅相关资料完成。

**3. 电路设计、制作与调试**

(1) 据电路选择合适参数的元器件，完善应用电路设计。

(2) 制作电路板并焊接电路。

(3) 调试电路。

(4) "实验六参考电路图"与 555 报警电路连接起来进行调试。

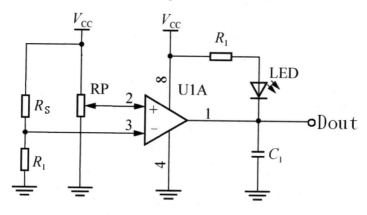

**实验六 参考电路图**

4. 现场报告撰写和整体报告完成

(1) 按照要求完成课堂现场的一张纸报告撰写。

(2) 把现场调试的照片(2-3张)、现场调试讲解的视频(给链接和标题说明即可)和经指导老师签字确认的一张纸报告照片等一起上传到 MOODLE 平台。

5. 问题思考和知识点拓展

(1) 思考一下环境温度、湿度对实验结果的影响情况如何?

(2) 结合自己的实际调试和测量结果,总结说明滑动变阻器怎么调节相对好些?

(3) 参考电路这样的接法有怎样的不足之处?可以做哪些改进?

(4) 概要说明一下你选用的这种湿敏电阻的基本情况。

# 参 考 文 献

[1] 韩九强. 现代测控技术与系统[M]. 北京：清华大学出版社，2007.

[2] 李晓莹. 传感器与测试技术[M]. 北京：高等教育出版社，2004.

[3] 侯海亭，王沛忠，熊剑. 手机维修基础入门[M]. 北京：清华大学出版社，2011.

[4] 文恺. 手机维修从入门到精通[M]. 北京：电子工业出版社，2011.

[5] 宋福昌. 汽车传感器识别与检测图解[M]. 北京：电子工业出版社，2006.

[6] 姜立标. 汽车传感器及其应用[M]. 北京：电子工业出版社，2010.

[7] 宋秀年，张俊祥，刘超. 汽车传感器原理与检测 200 问[M]. 北京：中国电力出版社，2010.

[8] 吴文琳. 汽车传感器检修方法精讲[M]. 北京：电子工业出版社，2012.

[9] 夏雪松. 新型汽车传感器检测数据资料库[M]. 北京：人民邮电出版社，2012.

[10] 司景萍，高志鹰. 汽车电器及电子控制技术[M]. 北京：北京大学出版社，2012.

[11] 梁森. 自动检测技术及应用[M]. 北京：机械工业出版社，2006.

[12] 陈书旺，张秀清. 传感器应用及电路设计[M]. 北京：化学工业出版社，2008.

[13] 冯成龙，刘洪恩. 传感器应用技术项目化教程[M]. 北京：清华大学出版社、北方交通大学出版社，2009.

[14] 卿太全，梁渊，郭明琼. 传感器应用电路集萃[M]. 北京：中国电力出版社，2008.

[15] 纪宗南. 现代传感器应用技术与实用线路[M]. 北京：中国电力出版社，2009.

[16] 王俊峰，孟令启等. 现代传感器应用技术[M]. 北京：机械工业出版社，2006.

[17] 何希才. 传感器技术及应用[M]. 北京：北京航空航天大学出版社，2005.

[18] 张洪润. 传感器应用设计 300 例（上册、下册）[M]. 北京：北京航空航天大学出版社，2008.

[19] 李刚，林凌. 现代测控电路[M]. 北京：高等教育出版社，2004.

[20] 松井邦彦. 传感器实用电路设计与制作[M]. 梁瑞林，译. 北京：科学出版社，2005.

[21] Tom Petruzzellis. 传感器电子制作 DIY[M]. 李大寨，译. 北京：科学出版社，2007.

[22] 施文康，余晓芬. 检测技术[M]. 2 版. 北京：机械工业出版社，2007.

[23] 阎石. 数字电子技术基础[M]. 5 版. 北京：高等教育出版社，2006.

[24] William Kleitz. 数字电子技术：从电路分析到技能实践[M]. 陶国彬，赵玉峰，译. 北京：科学出版社，2008.

[25] 姜立标. 汽车传感器及其应用[M]. 北京：电子工业出版社，2010.

[26] 沙占友. 智能化集成温度传感器原理与应用[M]. 北京：机械工业出版社，2002.

[27] 来清民. 传感器与单片机接口与实例[M]. 北京：北京航空航天大学出版社，2008.

[28] Honeywell 公司、Humirel 公司、Mierosemi 公司、Agilent 公司、Atmel 公司、Veridicom 公司、ADI 公司、NSC 公司、Telcom 公司、Philips 公司、MAXIM 公司、DALLAS 公司、ST 公司、Motorola 公司、Sensirion 公司、HOLTEK 公司、Rosemount 公司、Infineon 公司、Murata Manufactuaring Co., Lta 公司产品资料，2000—2003.

[29] [美]Devdas Shetty，Richard A.Kolk. 机电一体化系统设计[M]. 张树声，译. 北京：机械工业出版社，2006.

[30] 于海斌. 智能无线传感器网络系统[M]. 北京：科学出版社，2006.

[31] 崔逊学. 无线传感器网络的应用领域与设计技术[M]. 北京：国防工业出版社，2009.

[32] 周洪波. 物联网：技术、应用、标准和商业模式[M]. 北京：电子工业出版社，2010.

[33] 郎为民. 大话物联网[M]. 北京：人民邮电出版社，2011.

[34] 王志良. 物联网工程概论[M]. 北京：机械工业出版社，2011.

[35] 王再英，韩养社，高虎贤. 楼宇自动化系统原理与应用[M]. 北京：电子工业出版社，2008.